国家社会科学基金项目"乡村振兴战略中自治、法治、德治相结合的基层治理创新内在逻辑与实现形式研究"（批准号：19BGL210）

中国乡村多元共治的理论与实践研究

刘红岩　著

中国农业出版社

北　京

自 序

　　作为治理研究战线上的一个小螺丝钉，笔者与乡村治理研究的结缘比理想状态稍晚了一些。在校读书期间，笔者曾接受过公共治理的学术训练，当把具体的研究对象沉淀到三农领域后，便一直在思索和探求如何将曾经的学科训练与农业、农村、农民的具体研究问题相融合以开展交叉研究，若非，则觉是一大遗憾。步入工作阶段后，笔者最初选择的切入点是社会融入和政府规制，在两项研究分别经历了阶段性的探索后，才后知后觉地于一个学术活动中发现，曾经的理论学习其实在乡村治理研究领域可能更有用武之地。于是，还未来得及将前两项相关研究成果整合转化，笔者便于2017年急切地将研究切口转向乡村治理。之所以如此急切，想来还是对读书期间已建治理相关理论框架的盲信。着手开启这项研究后，笔者才发现，当初的分析框架于理论进展方面已绝非前沿，于实践进展层面已明显滞后。所以，重新起航走向田野村庄挖掘一线实践素材，静坐书斋全面梳理相关基础理论，成为必然。经过几年间断性的尝试和积累①，如今终成此稿。

　　本书内容具有以下特点。

历史演进中描摹乡村治理的发展轨迹与发展趋势

　　以古为镜，可以见兴替。历史能够带着我们在时间和空间的穿梭中看清一个制度、一个国家、甚至整个人类文明的发展演变和更

---

　　① 本书是在完善博士毕业论文相关理论基础和分析框架，并循着该逻辑框架有选择地吸纳2017年后有关乡村治理调研资料、科研课题以及公开发表成果的基础上汇融而成。

迭兴替。中国既有的乡村治理格局植根于其深厚的历史文化。中国乡村独特的历史背景和运行逻辑，需要我们以宽广的历史视野、深邃的历史眼光和谦逊敬畏的姿态去了解它、研究它。时代的发展，实践的创新，更是要求我们把历史视角作为深化研究的自觉追求，要求我们在从"熟人社会"到"半熟人社会"、从"乡土中国"到"城乡中国"的社会剧变中，从乡村治理复杂的历史沿革和发展脉络中，去学习和探索乡村治理体系的萌生土壤、发展规律和发展趋势。

基于历史视角观察，笔者认为，伴随着治理机制从分置到融合、治理方式从命令控制到协商协作的发展转变，我国的乡村治理模式经历了一个从一元结构到二元结构、再到多元结构，从已有结构的内部调适到结构重构的发展演变过程。当前，乡村多元异质主体蓬勃生发，理性主导下的多元主体的多元利益诉求错综交织，多元主体互动呈现动态复杂的变化特征。应对乡村社会变迁及其对乡村治理适应性调整的需求，多元主体共同参与村庄事务治理与公共产品供给成为乡村治理的必然趋势，我国乡村治理进入以多元共治为显著特征的新阶段。党的领导、政府主导、农民主体、社会协同是乡村多元共治阶段的主要结构框架和制度优势，有力地推动了农村基层民主的发展进程，有效实现和保护了亿万农民当家作主的权利和切身经济利益。

国家治理体系与治理能力现代化视域内
探寻乡村善治的逻辑理路

全面提高人类福祉，共享人类社会发展成果，是各国公共治理的核心议题。政治组织及其动员能力，即国家治理能力，是国家财富生成的超级决定因素。如何优化治理体系、提升治理能力，促进社会福祉的全面提高，成为各国普遍高度重视的热点与难点问题，相关的研究成果也随之如雨后春笋般大量涌现。国家治理体系与治理能力现代化，是一个较为宽泛、没有清晰界定的研究领域，许多概念仍存分歧，研究方法尚处在试验阶段，相关研究成果也仍呈现菜单式提供状态，规范性策略性研究体系仍处于形成之中。但将之视为一个分析框架，是目前中西方学者趋于一致的共同认知。在此框架内，伴随着理论从公共行政到新公共管理、再到新公共治理的发展演进，以及实践在广泛领域的探索推进，主体（组织）内部要素及其之间的动态关联，主体（组织）与所处环境的互动，主体（组织）内部机制之间的交互嵌入，行为者在网络性互嵌互动基础上的协商、合作以及相互促进的正反馈和螺旋提升，成为国家治理体系与治理能力现代化的定义性特征和发展取向。

　　国家治理体系与治理能力现代化问题，也是困扰中国的重大理论和实践问题，相关研究刚刚起步，尚缺乏长时段的历史深度、立足广袤国土的实践广度和能够立说的理论厚度。基层是国家治理的最末端、服务群众的最前沿，基层治理是国家治理的基石。一个国家治理体系与治理能力的现代化水平很大程度上体现在基层，没有乡村治理的现代化，就没有中国治理体系与治理能力的现代化。乡村治理研究是国家治理研究的重要单元和基本根基。乡村治理研究一般是在"国家—社会"或"国家—市场—社会"的分析框架内展开。笔者尝试在国家治理体系与治理能力现代化的研究范畴内研究乡村治理问题，试图在研究范式和研究趋向上与其接轨相融，与将国家、市场、社会三者分离开来的路径不同，根据现实需求变化汇融性地思考和探讨政府、市场、社会这三种机制相互组合和嵌入的创新路径，从而达成多元主体之间的合作、治理体系的完善和治理效能的提升。这一研究切入点的选取，是乡村治理研究对新形势新变化新要求的适应性调整，有利于在更高站位、更宏观层面上系统分析和整体看待乡村治理问题，有利于借鉴多学科的、更为前沿的理论、方法和工具剖析其内在逻辑与运行机制，也有利于将乡村治理体系面对复杂、动态、开放环境时不断调试的规律和特征呈现出来，将乡村"多元共治"的特征、逻辑和取向呈现出来，进而获得"创新乡村治理体系，走乡村善治之路"的推进策略与解决方案。多元主体之间的互动、多元主体与所处经济社会环境之间的互动及其带来的治理体系的调试和优化，贯穿本书论述分析的始终。

另一方面，基于治理理论剖析乡村治理问题，也能够对国家治理体系与治理能力现代化的研究视角和研究内容形成有益补充，对其相关的论证逻辑和研究观点在微观领域给予佐证支撑，至少能为相关研究提供有价值的注脚，从而更好地服务于国家治理体系与治理能力现代化研究体系（范式）的形成，服务于治理理论的创新和发展。

实践情境基础上探讨变革社会中的治理难题

任何理论都是有一定限度的，都会因为事实的局限而产生理论的局限、甚至偏见。要突破既有理论的局限，就需要以实证调研为基础、让事实与理论在对话中碰撞出思想火花，推动既有理论的完善、并用发展的理论指导和引领新的实践。近些年来，中国乡村治理的生动画卷也主要得益于两个方面：一是中国大地上正如火如荼开展着的丰富实践，二是理论工作者在实践观察和思考基础上对理论的反复总结、反思、提炼和升华。理论与实践的对话，是这幅画卷的灵魂"导演"，正在并将继续指导这幅画卷的延展。

作为理论工作战线上的一员，采用田野调查方法，从改革发展的实践中挖掘新材料、发现新问题、提出新观点、构建新理论，是为本分。三农领域的理论和政策研究从属于社会科学范畴，其问题和答案都深深地植根于广大农村。这一领域的故事丰富多彩而深重厚实，它们既有历史年轮的痕迹，又受现实因素的影响；它们场域不同、机理有别、逻辑各异，若无实地调研，便无法探究它们内在的运行逻辑与运行规律，便不会掌握有血有肉的素材，也不会有框架完整、逻辑清晰、内容鲜活的故事。要总结、提炼、构建具有中国特色的乡村治理理论和治理体系，就要立足中国三农实践，讲好三农故事，面向未来提出主体性、原创性的理论观点，提炼出有学理性的新理论，构建有中国特色、中国风格、中国气派的学科体系、学术体系、话语体系。

　　讲好中国故事，要求发掘优秀案例，加强个案研究。单个案例研究能够帮助人们对案例形成深入的理解和掌握，但它也容易使得任何一种一般推广都难以开展，而由其得出的重大成果和结论也大都局限于单个案例之中。加之社会科学类案例本质复杂、具有多面性且界限模糊，越来越多的社会科学家选择了多案例研究法这一研究策略。多案例研究最大的优势在于它能够开展比较，而比较是人类推理的核心方法，是所有经验科学工作中的关键步骤。如果不运用比较，即使是对一个独特现象的观察也是空洞的；只有当一个现象或物体不同于其他现象或物体时，才能被称作独特（Aarebrot and Bakka，2003）。不仅如此，多个体互动途径能够有效捕捉治理问题动态复杂性的内在生成机制。从个体互动或以行动者为中心角度研究治理问题，也已成为国外公共管理研究领域最为前沿与日益兴盛的研究途径。

　　本书中，笔者将广东、江苏、湖北、云南、贵州等一手调研材料和中央农办、农业农村部2019年度评选出的20个典型案例在不同维度上进行了多案例的比较分析和多个体互动的运行分析，力求小中见大，展现丰富乡村治理实践的发展脉络、发展规律与发展趋向。这些基于微观领域的观察，有助于构建治理体系与治理能力现代化的微观基础，塑造个体特质与行为特征，从而有助于塑造具有中国特色治理体系与治理能力现代化的推进策略与驱动力量；有助于了解社会诉求并有针对性地回应社会诉求，充分利用各种社会力量，平衡不同方面的利益，从而有助于将民众的诉求视为治理体系与治理能力现代化的促进与支撑力量，形成持续推进国家治理体系与治理能力现代化的机制与过程。遗憾的是，当前适用于多案例系统化比较的前沿研究方法，即超越定性研究与定量研究的新方法——定性比较分析（QCA），由于各种原因在本书中没有应用和体现，当然这会成为笔者下一步努力的方向。

笔者在条件允许的情况下付出了所能付出的努力……尽管如此，这一论作仍脱不掉论文习作的稚气，每一章内容看起来像是一篇论文习作，整篇书稿也可以看成一篇论文习作。由于所处环境、研究方法、数据资料等的不同，针对同一研究问题的研究成果往往会呈现观点各异、甚至百花齐放的状态，且囿于笔者精力和能力，书中难免存在或这样或那样的疏忽与遗漏、不足与欠缺。在此诚恳地希望各位专家直言斧正、不吝赐教。

最后，感谢在书稿形成过程中给予笔者各种帮助与鼓励的领导、专家、同事与亲朋好友；感谢中国农业出版社以及闫保荣女士的大力支持与鼎力相助；感谢国家社科基金提供的资助。没有上述这些支持与帮助，习作难以成稿，此稿更难以成书。

目　　录

第1章 绪 论

　　乡村治理是国家治理的基础，是国家治理体系的重要组成部分，事关乡村命运和国家发展。乡村治理是一种复杂的社会政治现象，既有政府治理，又有村民自治；既有法定制度，又有村规民约；既有国家介入，又有公众参与。加强和创新乡村治理，既是推进国家治理体系和治理能力现代化的题中应有之义，也是夯实党的执政基础、巩固基层政权、维护社会和谐稳定、增进群众福祉的必然要求。

　　继"县政绅治""政社合一""乡政村治"的发展阶段后，当前我国乡村治理基本呈现多元主体共同参与的治理状态（唐绍洪、刘毅，2009；顾金喜，2013），进入了"多元共治"阶段（谢元，2018；王晓莉，2019）。徐勇、贺雪峰、张厚安、仝志辉、金太军等分别从国家与村庄关系、村庄内部权力主体之间的关系等视角剖析村庄权力结构，也都认为当今的乡村已经形成了多重权力并存、多元治理主体互动的治理新格局。

　　近些年来，随着乡村振兴战略的提出，中央层面发布了一系列关于促进社会参与和乡村善治的文件，对实现有效治理的治理机制创新、工作体系建设和治理绩效提升提出了新要求、新任务。响应中央要求，地方层面纷纷开展了相关实践探索。有些地方取得了显著成效，丰富了有效治理实现形式，形成了可供借鉴的有益经验，其中有些甚至被写入中央文件在全国推广学习。也有些地方因制度设计与乡村治理实际脱节或制度间缺乏内在协调性而陷入内卷化困境（马良灿，2010；李祖佩，2017），精细化的治理制度与治理有效性之间的张力愈益凸显（孙枭雄、仝志辉，2020），与有效治理相去甚远。

　　同是旨向有效治理的制度探索和机制创新，为什么有些实践能带来治理绩效的提升，有些却陷入诸如制度与实践脱节、村庄秩序"亚瘫痪"等的治理困境？在多元共治格局下，如何界定和定位多元参与主体的角色及其之间的关系，即在多元主体共同参与村庄公共事务治理和公共服务提供的背景下，何种治理架构和治理系统是较为适宜的？在此治理结构下，有效治理的有效实现形式有哪些？乡村治理建构中可资依赖的理论及实践取向是怎样的？

1.1 研究意义

为回答上述问题，本书从社会参与视角切入，以约翰·克莱顿·托马斯提出的公众参与有效决策模型为基础，构建多元共治的有效治理分析框架，以实证调研资料为依据，梳理和剖析成功实践的运行经验和发展规律，探寻多元参与与有效治理之间的内在逻辑和关键机制，探讨并揭示有效治理的实现形式及其实施条件，以期为新时代乡村治理的理论和实践创新提供有益参考。基于此，本书研究具有以下重要意义。

第一，国家治理变革要求乡村治理机制完善，本书研究是对中央顶层设计的积极响应。40多年的改革开放有力推动了中国特色社会主义制度和国家治理体系在革除体制机制弊端的过程中不断走向成熟。党的十八届三中全会将"推进国家治理体系和治理能力现代化"作为全面深化改革的总目标。党的十九大报告提出打造共建共治共享的社会治理格局，要求加强社会治理制度建设，完善党委领导、政府负责、社会协同、公众参与、法治保障的社会治理体制，提高社会治理社会化、法治化、智能化、专业化水平。党的十九届四中全会对坚持和完善中国特色社会主义制度、推进国家治理体系和治理能力现代化作出全面部署，《中共中央关于坚持和完善中国特色社会主义制度、推进国家治理体系和治理能力现代化若干重大问题的决定》提出坚持和完善共建共治共享的社会治理制度，完善党委领导、政府负责、民主协商、社会协同、公众参与、法治保障、科技支撑的社会治理体系，建设人人有责、人人尽责、人人享有的社会治理共同体。党的十九届五中全会审议通过的《中共中央关于制定国民经济和社会发展第十四个五年规划和二〇三五年远景目标的建议》提出，"十四五"时期国家治理效能得到新提升，2035年基本实现国家治理体系和治理能力现代化，并对畅通和规范多元主体参与途径、推动治理重心下移、健全社会治理共同体等提出了明确要求。可见，党的十八大以来，我国加快推进社会治理体制改革，从"加强和创新社会管理"到"创新社会治理体制"，从构建"社会治理新格局"到打造"社会治理共同体"，不仅体现了治理主体日益多元多样，也对多元主体的具体参与进路提供了指引。随着乡村多元主体的生发和发展，历年中央 1 号文件，特别是 2018 年以后的中央 1 号文件也都对乡村治理的体制机制完善提出了具体要求。本书探析乡村多元参与与有效治理之间的内在逻辑和乡村善治的实现形式，提出完善共建共治共享治理制度、健全社会治理共同体的应对举措，是对中央相关政策要求的有益回应。

第二，乡村社会剧变呼唤乡村治理体系重构，本书研究是对乡村发展的热切回应。20 世纪以来，中国历经几番巨变，给农村和农民的生产、生活都带来了剧烈的震荡和变化。当前，由于基层治理方式的转变和新型城镇化的推进，中国乡村正处于农村税费改革以来又一次剧烈的社会变迁。一是农村人口社会流动性越来越强，农村人口和家庭结构发生重要变化。随着工业化、城镇化的加速推进，农村外出农民工数量不断攀升，2019 年年末，全国农民工总量 29 077 万人，比上年增长 0.8%；农村外出劳动力占农村人口的比重由 2010 年的 36.09% 升至 2019 年的 52.71%①。越来越多的农村劳动力正在由"亦工亦农"向"全职非农"转变，就业兼业性减弱；由"候鸟式"流动向迁徙式流动转变，转移稳定性增强；由城乡间双向流动向融入城市转变，在城镇定居的农民工逐步增多（韩俊等，2008）。同时，受城市文明浸润，农村人口增长呈现低出生率、低死亡率和低人口增长率的特征，农村人口不断下降。农村家庭结构出现新特征，农村老龄化程度高于城市。截至 2019 年年底，全国 60 岁以上人口为 25 388 万人，占比约 18.1%，其中，农村 60 岁以上人口占农村常住人口 22.3%，高出全国老龄化水平 4 个百分点。农村"半熟人社会"、人口"空心化"、农业"老龄化""女性化"以及"三留守"等问题

---

① 受新冠肺炎疫情影响，2020 年全国农民工数量有所下降，为 28 560 万人，比 2019 年减少 517 万人，下降 1.8%。因是特殊年份的特殊情况，在此采用 2019 年相关数据说明农村人口的流动情况。

成为乡村治理亟须回应的难题。二是农村处于快速社会分化阶段,多元异质主体并存。改革开放以来快速的经济社会发展,带来了农村群体类别的增多和社会异质性的增加。如农民工、新型农业经营主体、农民企业家、农民个体工商者、农民知识分子、农村管理者、新乡贤等不同的利益群体和阶层不断涌现。受家庭出身、受教育程度、个人经历等因素的影响,群体间、区域间的不平衡性也越来越大,有的抓住机会成为现代社会的成长性阶层,有的却成了被边缘化的社会弱势群体。三是农民的价值取向呈现多元并存的格局,农民群众需求从"物质文化"向"美好生活"转变。随着外来文化和城市文明的传播,广大农民的价值观念和意识形态结构不断趋于丰富,农民的价值观渐趋多元化和复杂性。尤其是在市场经济的长期深入影响下,农村不同社会群体和阶层的利益意识不断被唤醒和强化,对美好物质生活、精神享受的需求和追逐成为农民价值观念的核心,对农村基层治理和公共服务的需求呈爆发式增长。这都在客观上要求,在党的领导下,在政府、社会、市场和公民个人之间建立起一种合作与良性的互动关系,积极构建各方参与的社会治理平台和载体,扩大和完善多元主体参与基层社会治理的制度化渠道,从而凝聚多元共治合力,建设人人有责、人人尽责、人人享有的基层治理共同体。本书研究问题和内容来源并回应乡村社会的上述转型和剧变,试图为破解乡村社会发展面临的难题和治理困境提供一份社会参与视角的答案,以有效回应社会关切,满足农民群众高品质的生产生活需求。

第三,乡村治理实践呼唤符合时代特征和地方实际的新型乡村治理结构,本书研究是对破解乡村治理困境的有益探索。当前的乡村治理探索在一定程度上回应了部分实践难题,但同时也反映出现有治理体系在一些困境面前的无能为力。至少存在四个方面的困境。一是村级党组织弱化。可概括为财力弱化、权力弱化和能力弱化(龙观华,2009)。《中华人民共和国村民委员会组织法》颁布实施以来,出现了两个村级权力主体:村级党支部和村民委员会,由于权力来源不同,两者在运行中的矛盾和冲突不断,造成党支部的权力弱化。并且农业税取消后,农村基层组织的收入大幅度减少,农村党组织的财力也呈弱化趋势。此外,随着农村"空心化",基层党员"老龄化"突出,治理能力方面也出现弱化趋势。二是村级自治组织过度行政化。按照相关法律和制度的规定，村民委员会是村庄社区的执行和管理机构，接受村民群众的委托与监督，负责村务决策的执行和村庄公共事务的具体管理。可是，在当前的村庄治理实践中，上级政府对基层的"软指标的硬指标化"考核标准，使得村级组织处理村务与提供村庄公共物品的功能和作为自治组织的性质发生了异化（魏小换、吴长春，2013），不少村庄的村民委员会将其主要精力投入乡镇政府下派政务的落实上，实际扮演着协助和配合政府对村庄实施行政控制和管理的角色，村级组织向以村级组织干部管理科层化、村务管理文牍化、村庄治理行政化为特征的"形式化治理方式"转型（魏小换、吴长春，2013），成了一个"准政府"机构，其角色和功能呈现出"官僚化"（欧阳静，2010）、"形式化"和"半行政化"治理状态。"半行政化"问题又带来了"悬浮化"问题。① 三是村民自治失灵。在城乡一体化的背景下，随着农村人口外出迁移和税费体制变革，很多地方实践中的"村民委员会自治"取代"村民自治"，村民自治更多地体现为民主选举，而民主决策、民主管理、民主监督践行不足，村民自治失灵（赵黎，2017）。四是农民利益表达渠道不畅。取消农业税之后，农民的群体性事件不减反增（申端锋，2010），国家对乡村社会的控制减弱，乡村社会原有的整合能力也未能及时重建，群体性事件频发。这些群体性事件主要涉及的是农地征用、集体"三资"分配、农地流转以及基层选举等原因导致的干群矛盾或官民矛盾，其中，物质利益分配失衡、农民利益表达渠道不畅是主要原因（杨丹、张怀民，2016），临时性的维权组织和非制度化参与方式成为其利益表达的重要形式，甚至最终因为一些"偶然"事件引发大规模的冲突。本书研究以治理结构为主线总结乡村治理模式的发展演变，剖析治理结构重塑的实践逻辑和运行规律，提出实现乡村有效治理的实现路径和发展取向，能够在一定程度上对上述实践困境形成进一步的回应，促进乡村治理体制机制的完善和乡村治理绩效的提升。

第四，社会科学理论发展呼唤治理理论范式转型，本书研究是对公共

---

① 2021 年 7 月 11 日印发的《中共中央　国务院关于加强基层治理体系和治理能力现代化建设的意见》，对加强乡镇（街道）政权治理能力建设和乡镇（街道）与村（社区）的权责划分提出了明确要求，在后续的乡村治理运行中，这一难题有望逐步破解。

治理理论创新的补充阐释。绩效是一国政府合法性的重要来源，也是促进公共服务提升和公共责任实现的关键要素，如何持续改进绩效是各国政府和公共管理者面临的挑战，也是公共管理研究者的责任（包国宪，2016）。公共价值的达成是判定绩效的最终标准，而多元主体共治是实现绩效可持续提升的关键所在。从绩效的生产主体看，除政府外，政府绩效的生产者还包括公民、市场和非营利组织等更加广泛的多元主体，社会参与成为绩效管理的重要机制。从绩效的生产过程看，政府绩效的生产过程逐步成为一个多元主体共同协商、参与和合作的治理过程，政府是作为一种催化剂促进公共利益的再创造和最大化，多元主体基于制度与网络通过共同努力促进政府绩效提升和责任实现。从绩效的价值要素看，绩效管理不仅要实现结果导向的任务型公共价值，要求政府努力为公民提供更多更好的公共产品和服务，而且要实现共识导向的非任务型公共价值，要求政府关注在服务提供过程中的规范、程序和准则。就绩效的实现途径看，公共行政和新公共管理两种范式主导了 20 世纪的公共治理，公共行政强调公共服务供给中的依法行政和管理角色，新公共管理强调通过私人部门管理技术的应用来追求公共服务供给的效率。进入 21 世纪，这两种范式与现代社会不断增加的多元和碎片化的本质，以及通过公共部门、私人部门和非营利组织共同提供公共服务的复杂性显得格格不入，此时需要的是治理公共服务组织网络间的多重关系，以及公共服务组织、服务使用者和公民之间的关系，即新公共治理路径（Stephen P. Osborne，2016）。新公共治理以权威主体的多元化和多元价值共存为出发点，以制度和网络理论为基础，基于开放自然的系统，更加关注组织间的关系以及公共服务组织和环境的交互影响，更加强调依托信任和关系契约，以实现政府绩效和公共价值。其价值取向和核心特征契合于当下的乡村多元共治情境及乡村善治的绩效要求。本研究以新公共治理为理论工具剖析乡村多元共治的内在机理与有效治理的实现路径，不仅是一种可行做法，也拓宽了乡村治理的研究路径，尤其是参与技术视角的选择、多元参与治理体系构建及其与有效治理间逻辑机理的探讨，增加了一个新的更符合新时代乡村治理特征的研究视野，是既有理论在乡村振兴背景下的应用和深化。而当前新公共治理是否已经成为一种新的理论范式，学界仍存争议，乡村治理领域的相关探讨也有利于判断和明晰新公共治理"新"的本质和"范式"存在的成立与否。

1.2　研究内容

1.2.1　研究目标

本书研究基于公共治理、社会参与和社会组织理论，田野调查基础上的第一手资料，以及相关二手案例资料，拟回答和解决以下问题：第一，根据已有理论和分析范式构建核心解释框架，展现多元主体共同参与乡村治理的逻辑机理，回答多元主体参与技术与乡村有效治理的内在关联性问题，这是多元共治研究的逻辑基础。第二，通过专题座谈、深度访谈、案例解析和多案例比较分析，结合理论设想，展现不同区域、不同类型乡村治理的基本进展和治理绩效，回答在推进乡村有效治理方面参与技术的症结所在，这是多元共治研究的现实依据。第三，以影响机理的解释性框架为基础，剖析和回答不同区域、不同类型村庄、不同治理方式下不同治理绩效的成因与形成机制，这是多元共治研究的逻辑依据。第四，基于逻辑基础和现实依据，讨论推进多元共治实践创新、实现有效治理、优化乡村治理体系的措施及其实施条件，回答为推进乡村有效治理应如何优化多元主体参与技术的问题，这是研究的最终落点。

1.2.2　研究框架

本书关注多元参与的治理体系构建及多元共治中参与技术对有效乡村治理的意义，旨在解决如何通过优化多元主体参与技术进而提升乡村治理绩效，将主要围绕以下四个方面开展研究：

第一，参与技术影响多元共治绩效的逻辑机理与分析框架。社会参与必然深度影响公共治理效率，问题的关键在于如何在公共治理中融入有效的社会参与。约翰·克来顿·托马斯在《公共决策中的公民参与》中第一次提出了社会参与的工具、技术、方法问题，认为理性思考和把握公众有序参与的途径、技术和方法，是公共管理者必备的技能和策略，设计精良的公众参与技术是实现有效参与的关键（约翰·克来顿·托马斯，2005）。为剖析多元共治的关键影响变量及社会参与技术对有效治理的影响机制，本书基于托马斯的有效决策模型构建了以参与主体、参与方式、参与内容、参与程序、参与保障为主要维度的多元参与的基层治理体系和参与技术影响有效参与进而影响有效治理的"参与技术—有效参与—有效治理"分析框架。

第二，不同类型村庄多元共治实践的典型做法与治理绩效。一是基本分析，呈现不同区域、不同村庄多元主体参与乡村治理的主要做法、运行机制、基本模式、典型经验、参与特征、绩效表现、难点痛点等；二是比较分析，比较不同区域、不同类型村庄因参与机制和治理体系不同而产生的治理绩效的不同。

第三，基于拓展的有效参与技术模型及其分析框架，依据文献资料和实证资料，解释参与技术对多元共治影响作用的形成机制与运作过程，主要是解释性框架基础上的实证分析。

第四，结合分析框架、现状特征、影响机制，针对不同类型村庄面临的不同治理侧重点，提出包括有效治理的实现路径及其实施条件、多元参与治理体系构建等建议，以适应乡村加剧分化的现实治理需要，推进乡村治理体系和治理能力现代化乃至国家治理体系和治理能力现代化。

1.3 研究方法

1.3.1 基本思路

为破解乡村多元共治的发生逻辑以及对多元共治治理体系构建、有效乡村治理实现路径的启示，本书将首先基于有效决策模型构建多元参与技术对于有效参与和有效治理的影响逻辑和分析框架，探寻它们之间的内在关联性和运行机制。而后，本书从书斋走向田野，对不同类型村庄及其村民、村干部和基层干部进行实证调研，在获取相关一手资料的基础上，沿着"参与技术（主体—方式—内容—程序—保障）—有效参与—有效治理"的分析路径，剖析这一影响机理的形成机制与运作过程，发现有效治理的影响变量与关键成因，同时依据实证资料完善分析框架。最后，在前述研究的基础上，探寻乡村多元共治中有效乡村治理在参与技术方面的可能路径选择、政策取向和实施条件。拓展的有效参与技术模型、"参与技术—有效参与—有效治理"的分析路径、分型村庄不同治理模式的比较、不同参与技术的比较四条主线始终贯穿本书研究。

1.3.2 研究方法

本书的研究对象主要包括五类：一是不同区域、不同类型村庄乡村治理的治理方式、参与特征、治理绩效等；二是县（市）级、乡镇政府主管乡村治理的职能部门干部；三是村干部，包括村党组织书记、村委会主任、驻村干部、村民小组长以及各类治理组织的负责人；四是村民，包括普通村民、农村精英（即俗称的新乡贤、经济能人等），以及外来人口代表；五是基层党组织与自治组织、乡镇政府、经济组织、社会组织的关系及其作用发挥的分析与讨论也包含在内。针对以上研究目标和研究对象，本书主要采取了以下几种研究方法：

（1）文献资料分析法。在前期研究框架确认和调研准备阶段，梳理公共治理、乡村治理、社会参与、组织理论、乡村振兴等方面的国内外文献，同时也考察我国乡村治理的思想演进和政策演变路径，为后续研究奠定文献学理和政策逻辑基础。

（2）社会参与技术分析法。本书基于托马斯的公众参与有效决策模型构建包括参与"主体—方式—内容—程序—保障"的拓展的有效参与技术模型，进而构建"参与技术—有效参与—有效治理"的分析框架，以剖析参与技术对乡村多元共治的影响机理与运行机制，从而将相对繁杂各异的地方村庄治理创新放在统一的基准线框架内进行审视和讨论，并对下一步乡村治理的演变趋势和方向、有效治理的实现路径和体系构建作出更加符合逻辑的判断。

（3）实证研究方法。一是专题座谈和深度访谈法。在所调研区域的每个区县深度访谈8位典型代表、开展1~2次专题座谈会，访谈以均衡比例覆盖了普通村民、精英农民、村干部和基层干部。二是案例分析法和比较分析法。案例分析是本书研究的核心研究方法。和一般的案例分析沿着单个案例的内在逻辑展开不同，本书基于各类典型代表实地调研形成了多案例并开展了多案例比较研究，试图将不同截面的案例放在发展演变和地方异质性两个维度上进行多侧面考察，展示更多政策影响在个体村庄样本层面上的共性特征及演变差异，呈现不同地方乡村治理创新的更多差异性细节，以深入了解有效治理隐含在主体、方式和组织方面的问题、政策启示及相关延伸问题。

1.4 章节安排

继第一章"绪论"之后，第二章为"文献综述"，分别从社会参与、乡村治理、社会参与乡村治理三个视角检视已有文献，进一步确认研究框架、研究动机和研究设计，为后续研究奠定文献基础。

第三章为"多元主体参与乡村治理的理论分析框架"，借鉴公众参与有效决策模型和"国家—社会"研究范式，创新性地构建协商性合作治理分析框架，即"参与技术—有效参与—有效治理"多元共治分析框架，为后续研究奠定学理基础。

第四章为"乡村治理模式的发展演变"，梳理我国乡村治理模式的历史沿革与治理变迁，重点关注变迁各阶段乡村治理结构的典型特征以及变迁背后的动力机制，为后续制度分析和政策分析提供历史场景和背景支撑。

第五章为"乡村治理进入多元共治的新阶段"，呈现的基本内容是，适应于乡村经济社会的发展变迁，多元主体共同参与乡村公共事务治理和公共产品、公共服务的提供成为新时代乡村治理的定义性特征，党的领导、政府主导、农民主体、社会协同是乡村多元共治的优势制度特征。

第六章、第七章、第八章主要从基层试点改革的视角，基于相关实证调研资料和二手案例资料，总结和展现乡村多元共治的实践特征，并从社会参与视角剖析多元参与与有效治理之间的内在机理与运行逻辑。三个篇章的相关实证素材分别收集于 2017 年、2018 年和 2019 年，剖析和呈现了近几年乡村治理实践探索的进展规律和多元共治的发展取向，主题分别为"治理层级下移：乡村多元共治的结构调试""治理结构重构：乡村多元共治的结构创新"和"乡村多元共治：走向乡村有效治理的内在逻辑与实践进路"。

第九章为"新型网络治理体系：乡村多元共治的未来可能的更适宜解

释框架"，基于实践观察和理论分析，梳理乡村多元共治的基本困境，引入网络治理理论，并试图从社会参与机制、利益平衡机制、信任机制、社会引导机制和党的领导五个维度构建乡村多元共治的新型网络治理体系框架，以期为乡村治理的未来实践创新提供理论参考。

本章参考文献：

顾金喜，2013. 乡村治理精英综述 [J]. 中共杭州市委党校学报（2）.

李祖佩，2017. 乡村治理领域中的"内卷化"问题省思 [J]. 中国农村观察（6）.

龙观华，2009. 农村基层党组织影响力弱化现象探讨 [J]. 马克思主义与现实（2）.

马良灿，2010. "内卷化"基层政权组织与乡村治理 [J]. 贵州大学学报（社会科学版）（2）.

欧阳静，2010. 村级组织的官僚化及其逻辑 [J]. 南京农业大学学报（社会科学版）（12）.

申端锋，2010. 乡村治权与分类治理：农民上访研究的范式转换 [J]. 开放时代（6）.

唐绍洪，刘毅，2009. "多元主体治理"的科学发展路径与我国的乡村治理 [J]. 云南社会科学（6）.

王晓莉，2019. 新时期我国乡村治理机制创新——基于 2 个典型案例的比较分析 [J]. 科学社会主义（6）.

魏小换，吴长春，2013. 当前村级党组织功能弱化的表现及其逻辑——基于湖北 H 村调查 [J]. 甘肃理论学刊（3）.

谢元，2018. 新时代乡村治理视角下的农村基层组织功能提升 [J]. 河海大学学报（哲学社会科学版）（3）.

杨丹，张怀民，2016. 21 世纪中国社会分配视域下的群体性事件分析 [R]. 中国应急管理报告.

约翰·克莱顿·托马斯，2005. 公共决策中的公民参与：公共管理者的新技能与新策略 [M]. 孙柏瑛等译. 北京：中国人民大学出版社.

赵黎，2017. 新型乡村治理之道——以移民村庄社会治理模式为例 [J]. 中国农村观察（5）.

Stephen P. Osborne，2016. 新公共治理？——公共治理理论和实践方面的新观点 [M]. 包国宪等译. 北京：科学出版社.

第 2 章　文 献 综 述

本章分别梳理了社会参与、乡村治理和社会参与乡村治理的相关文献，论证社会参与视角乡村治理研究的可行性、必要性和重要性，并为本书研究提供更为直观的经验借鉴。由于本书研究主题意在探索有效参与的实现路径，所以社会参与部分的内容重点梳理了实现有效参与进而实现有效治理的方法与技术，包括参与主体、参与形式、参与程度、参与设计等。

2.1　社会参与研究综述

2.1.1　社会参与的内涵

社会参与源于政治参与，分析公民参与一般从公民政治参与开始，逐步扩展到对公共事务的参与。早期的社会参与以政治领域的参与为主，主要表现为选举这一方式。进入 19 世纪 80 年代，社会参与的范围和程度都有所增加。在民主管理实践中，民众逐渐突破传统的参与范围和模式，积极参与更广泛的公共事务的决策和管理。在现有文献中，社会参与的概念很少被提及，使用较多的是"政治参与""公民参与"和"公众参与"，其他还有"公共参与""大众参与""民间参与"的用法。这些概念各自都有其使用的学术领域和议题范围，但在参与的理论基础、参与行为和参与意义方面，又表现出一致性，因此，我们可以把社会参与同上述概念视为同一性质的概念。通过检视文献发现，对于社会参与的含义，有着不同的界定视角。

2.1.1.1　政治学对社会参与的内涵界定

国外学者的界定。"政治参与"和"公民参与"一般都是从政治学角度来界定的，在英语中有"Political Participation""Public or Citizen

Involvement""Public or Citizen Engagement"等。"Political Participation"直译为"政治参与",是一种传统的用法,强调公民或社会成员参与政治活动或政策制定,从而分享决策权力、影响政治决定的行为。"Public or Citizen Involvement"在美国是从 20 世纪 60 年代中期"新公民参与运动"(New Public Involvement)开始使用的,强调公民在城市规划和项目管理中的参与权力。"Public or Citizen Engagement"的开始使用离不开非政府组织的发展,强调公民在大量公共事务、社区事务上和政府的合作、共同管理权(约翰·克莱顿·托马斯,2005)。这些概念开始使用的时期和所蕴含的含义不同,但共同表达了通过参与的行为所表现的公民资格、权利和义务(李图强,2004)。作为一个完整而清晰的概念,政治参与或公民参与最早是由第二次世界大战前后研究比较政治的学者提出的,如阿尔蒙德和维巴比较了美国、英国、联邦德国、意大利和墨西哥等 5 个具有不同文化背景、处于不同政治发展阶段的国家,从政治文化的角度探讨了公民参与的差异(李图强,2004)。

西方学者对公民参与有不同的理解,主要从四个不同层面探讨了公民参与的含义。第一,从公共政策层面看,公民参与是公民或者社会成员参与政治活动或政策的制定与执行,并试图影响政治决定的行为。科恩在《论民主》中指出,民主过程的本质就是参与决策(科恩,2004)。浦岛郁夫认为,政治参与是旨在对政府决策施加影响的普通公民的活动(浦岛郁夫,1989)。亨廷顿和纳尔逊认为,政治参与是试图影响政府决策的活动(黄玲,2010)。Garson 和 Williams 指出,公民参与是在方案的执行和管理方面,政府提供更多施政回馈的渠道以回应民意,并使民众能以更直接的方式参与公共事务,以及接触服务民众的公务机关的行动(戴烽,2000)。但不同的是,在回应型民主政治范式中,政府参与指的是试图影响政府工作人员及其决策的行为;在参与民主范式中,政治参与是公民自己直接参与决策的制定;在协商民主范式中,政治参与指讨论、协商或审议,就是公共协商的过程(陈剩勇等,2008)。第二,从政治合法性层面看,公民参与是合法的活动,是公民自愿地通过各种合法方式参与政治生活,并影响政治体系的构成、运行方式、运行规则和政策过程的行为。如诺曼·H. 尼和西德尼·伏巴指出,就政治参与的术语来说,它指的是平民或多或少以影响政府人员的选择及他们采取的行动为直接目的而进行的合法活动（塞缪尔·P. 亨廷顿、乔治·I. 多明格斯，1996）。第三，从公民权利的层面看，公民参与是透过参与的行动所表现的公民资格、权利和义务。如 Sherry R. Ernestine 认为，公民参与是一种公民权力的运用，是一种权力的再分配，使目前在政治、经济等活动中无法掌握权力的公众，其意见在未来能有机会被列入考量（戴烽，2000）。第四，从公民意识方面看，公民参与是社会成员直接或间接地在形成公共政策过程中所分享的那些自愿活动。例如，帕特里克·孔奇认为，公民参与是在政治体制的各个层次中，意图直接或间接影响政治抉择的个别公民的一切自愿活动。迈伦·维纳也主张公民参与具有自愿性质，认为公民对候选人没有选择余地的投票应该不属于公民参与。

上述西方学者对公民参与的定义的描述虽有不同，但在结构方面，都包含了三个要素，即"谁参与""参与什么"和"如何参与"，也就是说，参与主体、参与客体和参与途径是定义公民参与的三个基本要素。但明显地，不同的学者对这三个问题的回答是不同的。关于"谁参与"的问题，有人认为，主体包括所有公民；有人认为，主体是指不在政府机构中担任公职的公民；还有人认为，主体仅指不以政治为职业的普通公民，而不包括职业的政治活动家和政党的主要成员。对于"参与什么"的问题，主要有"参与政治生活""影响政治生活""分享公共政策制定过程"的表述。对于"如何参与"的问题，学者之间的观点差异主要体现在两个方面：其一是公民参与中可否包括一些非法的途径；其二是被动参与或"动员型"参与是否应该被视为政治参与的一种形式（陶东明、陈明明，1998）。

国内学者的界定。国内学者对公民参与问题的研究始于 20 世纪 80 年代，在政治学领域，国内学者对社会参与的研究也主要集中于研究政治参与和公民参与。例如陶东明和陈明明在《当代中国政治参与》中指出，公民参与主要是指公民依据法律所赋予的权利和手段，采取一定的方式和途径，自觉自愿地介入国家社会政治生活，从而影响政府政治决策的政治行为（陶东明、陈明明，1998）。马振清认为，公民参与是指公民试图影响和推动政治系统决策过程的活动（马振清，2001）。李图强在《现代公共行政中的公民参与》中指出，所谓公民参与，就是为了落实民主政治、追求公共利益及实现公民资格，由公民个人或公民团体从事包括所有公共事务与决定的行动，这些公共事务是以公民本人切身的地方性事务为基础，再逐步扩大到全国性的公共政策，因此，可以由每一个公民时时刻刻的关心与适时的投入来实现；而公民参与的行动必须是建立在合法性的基础上，并且依参与者根据本身所拥有的知识与能力、花费的成本、预期的影响力等，理性地选择最有效的途径与策略（李图强，2004）。罗豪才指出，公民参与，不仅是公民政治参与，即由公民直接或间接选举公共权力机构及其领导人的过程，还包括所有关于公共利益、公共事务管理等方面的参与。为了保证有效的公民参与，应从三个方面努力：信息公开，满足公民的知情权；加强公民参与的制度化、程序化建设；健全机制、保证公民的监督权（胡纹菘，2009）。

2.1.1.2　公共管理学对社会参与内涵的界定

国外学者的界定。20 世纪 70 年代中后期，随着新公共管理改革运动的兴起和开展，学者们开始关注公共管理和公共事务中的社会参与。在公共管理学领域，学者们一般使用"公众参与""公共参与""大众参与"的概念。他们从公共政策、公共事务和公共生活的角度，将社会参与界定为提升公共管理者的管理绩效和公共服务能力的新策略和新途径，并且已经深入探讨现实中的具体的、可操作性的问题。例如尼古拉斯·亨利写道：所谓参与，是将公共部门与私人部门区分开来的开放程度。参与包括活动的参与性（比如镇民大会是公共的，因为所有人都可以参与，而公司的董事会是私有的，只有董事会成员才能参加）、空间的参与性（镇会议厅与公司的董事会议厅）、信息的参与性（所有人都可以阅读镇会议的记录，但只有董事才能阅读董事会议记录）、资源的参与性（割草机一般是私有的，而可饮用的公共自来水是公共的，因为任何人都可以用）（尼古拉斯·亨利，2002）。再如，谢尔·奥斯汀在比较不同国家社会参与发展不同水平和制度演进的基础上，探讨了社会参与发展的不同阶段及其不同阶段的参与形式；美国学者约翰·克莱顿·托马斯就公共管理者在不同决策情况下如何选择和提供有效的公民参与途径进行了思考和讨论。

国内学者的界定。在公共管理学领域，国内学者对社会参与的集中研究始于 20 世纪 90 年代，对于其含义的界定比较有代表性的观点有以下几种。俞可平是比较早地涉猎社会参与研究的学者，他认为，公民参与又称为公众参与、公共参与，是公民试图影响公共政策和公共生活的一切活动。他指的社会参与是一个广泛意义上的概念，包括投票、竞选、公决、结社、请愿、集会、抗议、游行、示威、反抗、宣传、动员、串联、检举、对话、辩论、协商、游说、听证、上访等。贾西津引用美国学者和《布莱克维尔政治学百科全书》中的观点，认为经典意义上的公民参与是指公民通过政治制度内的渠道，试图影响政府的活动，特别是与投票相关的一系列的行为（贾西津，2008）。王锡锌教授对公众参与的定义是：在行政立法和决策过程中，政府相关主体通过允许、鼓励利害相关人和一般社会公众，就立法和决策所涉及的与利益相关或者涉及公共利益的重大问题，以提供信息、表达意见、发表评论、阐述利益诉求等方式立法和决策过程，并进而提升行政立法和决策公正性、正当性和合理性的一系列制度和机制（王锡锌，2008）。蔡定剑认为，公众参与可以作非常广泛的理解，所谓参与就是让人们有能力去影响和参加到那些影响他们生活的决策和行为；而对公共机构来说，参与就是所有民众的意见得到倾听和考虑，并最终在公开和透明的方式中达成决议。作为一种制度化的民主制度，公众参与应当是指公共权力在进行立法、制定公共政策、决定公共事务或进行公共治理时，由公共权力机构通过开放的途径从公众和利害相关的个人或组织获取信息，听取意见，并通过反馈互动对公共决策和治理行为产生影响的各种行为。它是公众通过直接与政府或其他公共机构互动的方式决定公共事务和参与公共治理的过程。公众参与所强调的是决策者与受决策影响的利益相关人双向沟通和协商对话，遵循"公开、互动、包容性、尊重民意"等基本原则（蔡定剑，2009）。目前关于社会参与的定义，除了从环境参与等社会公共事务的管理角度出发，也有从专门的公共项目的发展的角度来展开，如黄海艳认为，公众参与就是通过利益相关群体的民主协商，通过群众积极参与决策过程和专家的辅助作用，利益相关群体中的普通群众真正地拥有自我发展的选择权、参与决策权和收益权（戴烽，2000）。

2.1.2　社会参与的技术与方法

目前的社会参与研究主要集中于社会参与必要性、重要性以及社会参与一般理论的论证与研究，对社会参与的技术与方法重视程度不够。实际上，对于一次具体的参与实践而言，社会参与方法和技术，即社会参与具体操作更为重要。社会参与的方法和技术包括参与主体的确定、参与领域的选择、参与形式的选择、参与程度的界定等。

2.1.2.1　社会参与的主体

参与的主体是指"谁参与"的问题。不管是"政治参与""公民参与"还是"社会参与"，参与的主体是公民，具体指一切非政府的公民个体或公民团体行为者。只要具有一国公民的资格，就有参与的权力和义务。理论上讲，每一个现代民主国家都拥有一部至高无上的宪法。公民不仅具有国籍身份，更有权行使宪法赋予每一个公民的所有权利。公民不仅是一个国家的基本成员，而且拥有相应的法定权利和责任，包括政治权利、公民权利、社会权利、经济权利等。在当今社会，随着社会政治、经济、文化、教育和科学的迅猛发展，公民在教育、卫生保健、宗教信仰、失业、保险、隐私、老年退休等方面的权利不断扩大。关玲永认为，宪法的权利并不是公民以外的权利，宪法来源于人民的意志。公民实际上既不是被动地接受权利，也不是消极地享受权利，而是积极地去影响权利、创造权利（关玲永，2009）。这种过程就是公民的参与过程。在政治学意义上，公民的本质是参与，没有参与的公民并不是法律意义上的公民。换句话说，公民的身份实际上是在公民的参与过程中反映出来的。因此公民参与保证了公民的身份。

我国宪法和法律对公民的规定，不同于历史上和其他社会对公民的规定。李图强在《现代公共行政中的公民参与》中从历史的角度阐述了我国宪法和法律对于"公民"的规定及其来龙去脉。他认为，与历史上和其他社会对"公民"的规定的根本不同之处在于，在我国，国籍是取得公民资格的唯一条件，如我国宪法第 33 条规定：凡是具有中华人民共和国国籍的人都是中华人民共和国公民。在我国，"公民"一词是自 1953 年选举法开始使用的，反右中，"54 宪法"中的"公民在法律面前一律平等"的原则被批判为"敌我不分"，在此后很长一段时间内，"公民"的称谓被"人民"代替。但从现代法学的角度看，根据阶级出身和历史判定"敌我矛盾"，从而将其用于法律范围，是毫无法理根据的。到了党的十五届五中全会，《关于制定国民经济和社会发展第十个五年计划的建议》"建议将法治从工具论的观念提升到'重要目标'的理念上，同时，重新确认了'公民'及'公民参与'的概念，明确提出了'扩大公民有序政治参与，引导人民群众依法参与经济、文化和社会事务的管理'，特别是2004年3月14日十届全国人大二次会议通过的《中华人民共和国宪法修正案》在第18条中增加了推动'政治文明'发展这一概念，这对公民参与的有力实施和公民政治权利是有力的保障"。

因此，政治参与、公民参与和社会参与的主体在一般性意义上没有区别，皆指公民。在此基础上，又有倡导参与论、限制参与论以及持中立态度的区别。

倡导参与论。倡导参与论倡导社会参与，持这种观点的学者和学派居多数。从具体观点看，倡导参与论包括全面参与论、多元民主论、后现代主义政治学、新社会运动等。

全面参与论的核心是卢梭的人民主权学说。人民主权学说认为，国家主权永远属于公民，是不能被代表的。因此，该学说主张公民的全面参与，认为公民只有不断地参与社会和国家管理，其自由和发展才能得到实现；主张代议制与直接民主的结合，将直接民主广泛运用于政治、经济和社会领域。倡导"全面参与"的主要有新自由主义学派、法团主义学派、社群主义学派和民粹主义学派。新自由主义的代表人物罗尔斯强调平等自由的"参与原则"在政治程序中的具体应用，参与原则要求所有公民拥有平等权利参与政治过程，要求所有公民至少在形式上应有进入公职的平等途径（罗尔斯，1988）。法团主义主张国家与社会通过社会组织进行合作以减少冲突，维持稳定。社会组织的代表性地位和联系渠道受到政治组织的承认和保护，同时社会组织有参与决策制定和决策执行的义务。社群主义认为，公民积极参与政治生活和国家事务既是公民应尽的职责，也是公民的美德。因此，它倡导公民参与政治生活和国家事务，并尽可能地扩展其参与范围。民粹主义指动员大众参与政治进程的方式。它倡导直接民主，倡导普遍的群众参与和广泛的政治动员。

多元民主论赞同社会参与，但在参与方式上与全面参与相反。多元民主论主要以达尔和拉斯基为代表。达尔认为，民主是各种利益集团和社会组织共同参与决策并最终达成妥协的过程。各种利益集团和社会组织相对独立地存在，且能有效地参与决策，是维持民主政治的重要条件。同时，多元民主论认为，个人直接参加决策是不可能的，只能通过利益集团和社会组织来实现参与的目标。因此，多元民主论主张参与但并不赞同全面参与，而且达尔强调的"寡头政治"属于"精英主义"的范畴，其实属于限制参与论。

另外，还有后现代主义政治学和新社会运动的社会参与观。后现代政治批判共识论，主张实现差异统治，允许新思想、新发明的表达，为公民参与和影响清除障碍（杨波、刘锦秀，2004）。如哈贝马斯认为社会公共生活标准只能产生于大众参与政治的决策过程，倡导公民运用政治参与权利。新社会运动如绿色运动、女权运动、基督教社会运动等，其本身就是一种社会参与的行为。

限制参与论。限制参与论主张社会参与的主体应该是以政治家（精英）为主，普通公民是有限参与或者限制参与。新保守主义和精英主义都主张精英统治和限制社会参与。新保守主义恪守传统保守主义的基本信条，认为人是平等的，但统治权只能由精英人物行使。专家治国论的创始人伯纳姆在《管理革命》中指出，因专门知识和能力的局限，普通公民对政治的参与仅限于工会、职业的专门团体和合作社的范围。精英主义认为，处于政治决策系统之内的精英具备丰富的文化知识、政治经验，能很好地代表公众的意志和利益，进而能使政治决策反映公众的利益。而人民充其量不过是"政府的生产者"。熊彼特指出，普通公民缺乏责任心和有效意志，对国内和国际政策普遍无知，缺乏判断力，行为迟钝，思维缺乏理性，以至于在政治领域，普通公民成为政治上的"原始人"。韦伯也认为，群众的直接民主带有强烈的感情因素，鼓励这些人参与政治会对民主造成破坏，易于造成无序、非理性的街头政治（关玲永，2009）。亨廷顿在《民主的危机》中指出，美国有关统治的一些问题是因为民主过剩引起的，把政治秩序而不是政治民主当作衡量国家政治发展与否的标尺，当政治秩序与民主发生冲突时宁可对民主作出限制。因此，有限制的民主是民主制度正常运转的前提和基础，纯粹的民主制度会导致独裁，最终必然毁掉自由或文明（杨波、刘锦秀，2004），要限制参与或有限参与。

中立态度。对社会参与持中立态度的是新自由主义的部分学者。他们对社会参与持中立态度，既不鼓励公共积极参与政治生活和国家事务，也不鼓励国家去积极争取公民参与政治生活。威尔·凯姆利卡明确指出，公民是否参与政治生活完全应当听任他们自己的选择，政府不应当采取某种措施使他们不情愿地参与政治生活（俞可平，2000）。

2.1.2.2　社会参与的领域

从政治参与、公民参与到公众参与、社会参与，社会参与的称谓本身反映了其参与领域从政治领域向公共管理、公共事务领域的跨越。关玲永在界定公民参与的定义时指出，广义上的公民参与除了政治参与以外，还必须包括所有关于公共利益、公共管理等方面的参与。在代议制民主中，公民在政治上的参与越来越成为次要角色，而公民在公共行政活动中直接参与关系到公民切身利益的公共决策以及公共事务的处理，这日益成为民主行政的主要内容（关玲永，2009）。李图强在《现代公共行政中的公民参与》一书中写道，公民参与绝不是仅仅只局限于"投票"行为，还应该包括公民对公共事务积极而深入的主动介入；这样的行动不仅是积极地维护公民自身的利益，更可以创造公共利益；参与的人员也不只局限于社会或政治精英，还包括一般民众，可以对与己有关的社区事务具有决定的权力。把公民参与的范围落实到与每个公民息息相关的周围事务，公民参与的内容也将会从代议民主的投票扩大到包含所有的公共事务，这将会成为一种发展趋势。每个公民对于与己相关的事务必然有能力、有意愿去参与；而对于专业性较高或是范围较大的全国性公共政策，也可以经过适当的代理制度设计或是现代电子科技的协助，发挥公民参与的影响力。蔡定剑从三个层面界定了现代社会参与的领域：第一个层面是立法层面的公众参与，如立法听证和利益集团参与立法；第二个层面是公共决策层面，包括政府和公共机构在制定公共政策过程中的公众参与，如环境保护和城市规划政策中的参与；第三个层面是公共治理层面的公众参与，包括法律政策实施、行政许可、行政裁决中的听证、基层公共事务中公民的直接决定管理。最早期的公众参与主要是从微观治理领域如社区、工厂、农村、学校等单位政策制定和事务决策开始的。传统的公众参与被理解为公众对政府政策参与，后来发展到对公共事务的直接治理，特别是在社区层面的公民自治。它反映了现代公共治理从政府组织中心到公共事务结果中心的发展趋势。公众参与比较活跃的领域有：第一，在立法领域，主要有立法听证和立法游说。第二，在政府决策和公共治理领域，主要有环境保护、公共预算、城市规划、公共卫生、公共事业管理等。第三，在基层治理方面，主要有农村村民民主治理、城市社区中的民主治理、新型居民区中的业主自治（蔡定剑，2009）。

总结来看，国内学者认为当前的社会参与领域主要有：第一，立法决策层面，公众参与主要有立法听证和立法游说两种途径。第二，在政府决策管理层面，公众参与的领域比较广，而且发展很不平衡，包括：①环境保护；②公共卫生；③公共事业管理；④城市规划（在国外如英美法等国家中称为"城乡规划"）；⑤公共预算；⑥政府绩效评估。第三，基层治理方面，主要有农村村民自治和城市社区治理等方面，社会参与主要体现在民主决策、民主协商、民主管理和民主监督。

俞可平从另一个角度指出了社会参与的三个领域：第一，参与国家的政治生活，如参加各种政治组织、选举各级人民代表、讨论政府政策、评议政府官员、举报违法行为、管理公共事务等；第二，参与社会的经济生活和文化生活，如参与工厂管理、发起环境保护行动、组织公益文化活动、救助弱势群体等；第三，参与居民的社区生活，如社区管理人员的选举、社区的互助合作、小区的治安保卫和环境卫生等（俞可平，2008）。

2.1.2.3　社会参与的形式

参与形式，也有参与途径、参与方法之称。以下详细介绍国内外理论和实践中出现过的社会参与形式及其内容。

社会参与形式。国内外相关理论和实践中的社会参与形式见表 2-1、表 2-2 和表 2-3。

表 2 - 1　国外理论和实践中的社会参与形式

社会参与理论/实践	学者/出处	类型/标准	具体参与形式
社会参与阶梯理论	Sherry R. Arnstein，(1969). A Ladder of Citizen Participation.	假参与/无参与	操纵 （Manipulation） 训导 （或译为治疗）（Therapy）
		表面参与/象征性参与	告知 （Informing）、咨询 （Consultation）、展示 （Placation）
		深度参与/完全参与	合作 （Partnership）、授权 （Delegated Power）、公众控制 （Citizen Control）
社会参与层次	英美组织社会学理论家	参与层次	知情 （Information）、咨询 （Consultation）、协商 （Concertation）、共同决定 （Co - decision）
社会参与阶段	雅克·谢瓦利埃 （Jacques Chevallier）	参与阶段	知情、咨询、协商参与 （或共同决定）
更易于操作的参与层次理论	英国对话设计公司总裁安德鲁·亚克兰先生	信息交流：包括信息提供和信息收集	信息包、小册子、传单、情况说明书、网站、展览、电视和广播、调研、问卷调查、焦点小组等
		咨询：收集特殊政策和建议的反馈	研究、问卷、民意调查、公共会议、焦点小组、居民评审团等
		参与：公众参加决定的权利	互动工作小组、利益相关人的对话、论坛和辩论等
		协作：让公众积极参加、同意分享资料并作出决定	顾问小组 （Advisory Panels）、地方战略伙伴、地方管理组织等
		决策授权：由决策者与参与者共同作出决策	地方社团组织、地区座谈小组、社区合作伙伴
公民直接参与的12种途径	B. Barber （1986年）/王春雷：《基于有效管理模型的重大活动公众参与研究》	建立对话制度	村民大会、乡镇集会与公民沟通机构、公民教育以及平等获取信息的渠道、补充性机构
		建立决策制度	全国参与及投票程序、电子投票、抽签选举、公共选择的兑换券与市场途径
		建立制度化的行动	全国/邻里公民资格与共同行动；工作场所的民主气氛；改造邻里公共空间

（续）

社会参与理论/实践	学者/出处	类型/标准	具体参与形式
社会参与有效决策理论	［美］托马斯：《公共决策中的公民参与：公共管理者的新技能与新策略》	以获取信息为目标	关键公众接触法、由公民发起的接触、公民调查、新的通信技术如交互式电视等
		以增进政策可接受性为目标	公民会议、咨询委员会、斡旋调解
		以构建强有力的合作关系为目标	培养知情公众、政府和公民互相学习、为公民团体提供支持
		其他社会参与的新形式	申诉专员和行动中心、共同生产、志愿主义、决策中制度化的公民参与
促进公民积极参与的常用工具	OECD（2001 年）/王春雷：《基于有效管理模型的重大活动公众参与研究》	设计政策议程	公民会议、公民陪审员
		政策制定和执行过程中的具体政策建议甚至合作	利益相关者评估、传统的三重底线委员会以及联合工作小组
		更开放的公众参与	开放的工作小组、公民参与使命和不同战略的制定、公民论坛、对话
德国实践	［德］鲁道夫·特劳普—梅茨主编：《地方决策中的公众参与：中国和德国》	正式程序	全民请愿、全民公决、居民提案（公民提案）等
		非正式程序	公民会议（共识会议）、开放空间、公民调查、未来工场、调解、请愿书、公民展览会、规划小组（公民鉴定、公民陪审团）、倡议行动、论坛、治理委员会、律师规划会、工作小组碰头会等
		参与预算制	为欧洲而调整的阿雷格里港模式、有组织利益团体参与的模式、基层和市政层面的社区基金模式、公共与私有部门谈判的模式、就近参与的模式、对公共财政进行协商的模式
英国实践	蔡定剑：《公众参与：欧洲的制度和经验》		公民评判委员会、市民评审团、市民意见征询组、焦点小组、民意调查、公民复决、开放性区域论坛

（续）

社会参与理论/实践	学者/出处	类型/标准	具体参与形式
法国实践	蔡定剑：《公众参与：欧洲的制度和经验》	制度性参与	街区议事会、公共调查、公共辩论（公共论坛）、公民评审团、共识会议（公民协商会议）、公投
		非制度性参与	城市化公共论坛、城市规划咨询委员会、市特别委员会、市特别委员会全体成员代表大会、市镇协商委员会
意大利实践	同上		城镇电子会议、政府展示会
加拿大实践	同上		公众听证、立法听证、圆桌会议、民意调查、公共对话、政策论坛、网上参与
丹麦实践	贾西津：《中国公民参与：案例与模式》		共识会议、公民陪审团、议会听证会、角色扮演、表决会议、观点工作坊
国外地方治理中的实践	孙柏瑛：《当代地方治理——面向21世纪的挑战》		公民创制与复决、关键目标群体接触和公民原创性接触、公民大会、咨询指导委员会、公民论坛、公民宪章运动与公民满意度投票、社区服务的共同生产

表 2-2　英国地方治理中公民参与的主要形式

信息开放	听证、咨询	探索创新与共同愿景	判断和决定	授权、支持和政策制定
公告牌	调查、访谈	咨询工作室	对行动一致性进行民意测验	邻里委员会
活页传单或定期通信	对焦点群体的项目追踪研究	共同愿景创建工作室	市民评审团	城镇房地产计划
政府报告	互动的社区情况简报	情景模拟的开放性公民活动	对话、磋商工作室	公共住房租户管理组织
调查与咨询的反馈结果	公众会议公众论坛		社区工作事务管理团队	社区发展信托公司
年度绩效报告			社区工作室	与社区签约伙伴关系

（续）

信息开放	听证、咨询	探索创新与共同愿景	判断和决定	授权、支持和政策制定
支持性指导	公民论坛系列与论坛专题	发现真正属于自己的社区发展计划		
互联网资讯与沟通	视听信箱	使用剧院和媒体	达成一致与认同会议	公民投票；创制和复决

资料来源：Goss，S.（2001）. Making Local Governance Work：Networks，Relationships，and the Management of Change，New York：Palgrave. P. 40. 转引自孙柏瑛：《当代地方治理——面向 21 世纪的挑战》，北京：中国人民大学出版社 2004 年版，第 230 页。

表 2-3　中国理论和实践中的社会参与形式

参与理论/实践	出处	类型/领域/标准	具体参与形式和途径
社会参与的层次	蔡定剑：《公众参与：风险社会的制度建设》（2009）	低档次的参与	"操纵"和"训导"
		表面层次的参与	"告知"和"咨询"
		高层次的表面参与	"展示"
		合作性参与	"合作""授权"和"公众控制"
社会参与的阶段	孙柏瑛：《当代地方治理——面向 21 世纪的挑战》（2004）	非实质性参与阶段	"操纵"和"训导"
		象征性参与阶段	"告知""咨询"和"展示"
		完全型社会参与阶段	"合作""授权"和"公众控制"
落实公民参与的途径	江明修（中国台湾)/王春雷：《基于有效管理模型的重大活动公众参与研究》		参与社区发展；倾听民众心声；基层行政组织；代表性行政组织（反映不同利益与属性）；公私协力合作
中国公共管理和社会事务中的实践	蔡定剑：《公众参与：风险社会的制度建设》（2009）	立法领域	全民讨论、立法听证、立法座谈会、立法论证会、书面征求意见等
		环境保护领域	参与环境影响评价；参与环境行政许可听证；行政立法听证；参与"环境公益诉讼"；参与与环境保护有关的其他行政管理决策、执法等

（续）

参与理论/实践	出处	类型/领域/标准	具体参与形式和途径
中国公共管理和社会事务中的实践	蔡定剑：《公众参与：风险社会的制度建设》（2009）	公共卫生政策	在官方网站上开辟栏目，号召公众个人出谋划策；以非政府组织为主要参与形式；利益相关者作出法律诉讼及促进相关法律法规的修改；号召大众积极防护，从个人卫生做起
		城市规划	关键公众接触、由公众发起的接触、公民调查以及新的通信技术、公民会议（公民听证）、咨询委员会、斡旋调解
		公共事业管理中的非制度化参与	价格听证、座谈会、专家论证会、公民建议、民意调查
		公共预算	预算"民主恳谈"、专家参与预算绩效评估、预算编制和审查的公开听证
		基层治理	农村基层治理中：民主决策、民主管理和民主监督；城市社区：民主决策、民主管理和民主监督制度；城市住宅小区：业主通过业主委员会参与小区的公共事务管理；基层参与式预算：在项目拟建阶段，由政府相关人员向居民发放调查问卷、召开居民座谈会和设立征求意见箱等形式；在确立居民代表和村民代表的阶段，则或者通过直接确定，如居民委员会主任、副主任等直接成为居民代表；或者通过抽签决定；或者是通过直接选举产生；在项目执行阶段，每个月向代表汇报一次进展情况；在项目结束后，邀请居民代表或者村民代表参观工程建设并交流意见

（续）

参与理论/实践	出处	类型/领域/标准	具体参与形式和途径
以非政府组织为依托的参与	贾西津：《中国公民参与：案例与模式》	结构性参与	民主选举、人民代表大会制度、民间思想库
		决策性参与，包括立法参与和公共政策参与	
		参与式自治	农村社区农民自组织的参与式治理、城市社区的参与式自治、弱势群体的参与式自治、政府购买公共服务中的参与
		环保 NGO 行动	政府内部的合作伙伴；媒体风暴；联盟整合的力量；发挥专家作用；通过政协和人大等体制内的表达渠道；作为弱势群体的代言人；争取民众的参与支持；通过国际组织施加影响
中国实践	王锡锌：《行政过程中公众参与的制度实践》		听证会；公开征集意见；立法调查、座谈会、论证会；利用信函、电子邮件等现代通信手段征求意见
浙江省推进公民有序政治参与和制度创新的实践	陈剩勇、钟冬生、吴兴智等：《让公民来当家：公民有序政治参与和制度创新的浙江经验研究》	农村的民主恳谈与地方治理	民主恳谈会、公民评议会、居民或村民代表会、民主理财会、居民论坛等
		城市的听证会	立法听证会、行政听证会和司法听证会
		人民建议征集制度和重大工程民主参与制度	日常建议征集、专题建议征集
		政府网站的政务论坛	政务公开论坛、政府效能网、"市民议政厅"、民情网、政府网上办事大厅等

（续）

参与理论/实践	出处	类型/领域/标准	具体参与形式和途径
当代中国政府公共决策中社会参与的机制	石路：《政府公共决策与公民参与》	政务公开的方式	政府公报、政府网站、新闻发布会以及报刊、广播、电视等
		政府性民意表达机制	听证制度、信访制度、政府调研制度、重大决策公示制度、专家咨询制度等
		公共舆论机制	图书、报纸杂志、广播、电视、网络媒介
中国公共预算实践——浙江温岭实践	刘平，[德]鲁道夫·特劳普—梅茨主编：《地方决策中的公众参与：中国和德国》	参与式预算	对话、协商、咨询、答复等
上海浦东新区社区规划中的公众参与	同上	规划编制	发放、回收公众意见调查表；网上收集意见；召开座谈会、论证会或其他有效方式
上海浦东公交管理和社区设置决策的实践	同上	互动信息系统	服务热线、邮政信箱、互动网站、短信查询和市民来信等方式
		共建和互动活动	听证会、征询意见会、座谈会、联系制度等方式
		公交活动	开展浦东公交发展"献计献策"征文活动、浦东公交岗位练兵活动等活动
		听取代表意见	两会、人大代表是管理部门和公众交流的桥梁和纽带
		监督员	组织由人大、政协两会代表、行风监督员以及各街镇代表参加的150人公交监督员队伍，从各方面明察暗访公交线路营运情况，将他们的意见直接反馈相关企业。同时要求企业即知即改，及时落实各项整改措施
	同上	线路设置决策	听证会
以场域为视角的中国社会参与状况	戴烽：《公共参与：场域视野下的观察》	家庭场域的参与形式、社区场域的参与形式和社会场域的参与形式	

（续）

参与理论/实践	出处	类型/领域/标准	具体参与形式和途径
当前中国国家政治和社会生活的社会参与方式	中央编译局比较政治与经济研究中心和北京大学中国政府创新研究中心联合编写：《公共参与手册：参与改变命运》	意见表达渠道	公民创制权、全民公投、社会协商对话（如恳谈会）、公民旁听、听证、公示、民意调查
		行动组织渠道	公民社会组织①、居民自治、职工代表大会、公民会议、公民论坛、社区发展公司
		权利维护渠道	公民投诉或申诉、接触人大代表及领导干部、信访制度、检举与控告、行政复议与行政诉讼、公益诉讼等
		新兴的参与渠道——网络	政府网站、网络论坛与虚拟社区
城乡规划中的社会参与模式	《城乡规划编制中的公众参与》，中国改革论坛网	对抗式参与	申述、由公众申请进行的听证、行政复议、行政诉讼
		建议式参与	意见、建议会，满意度调查，其他民意调查，公众大会，评议表，共同选择委员会，质询与回答会，服务使用者论坛，社区/地区论坛，热点问题论坛，共同利益论坛，互动网络，公众座谈小组，公众投票，中心小组，提出愿景，用户管理等
		志愿式参与	
		录用式参与	

①　公民社会组织是社会参与最重要的组织化形式。公民社会的主体是各种各样的社会组织，比如行业协会、民间的公益组织、社区组织、利益团体、同人团体、互助组织、维权组织、兴趣组织等。这些组织又被称为"公民社会组织""非营利组织""民间组织""中介组织"等。公民社会有四个基本作用：第一，它填补了国家和市场治理机制所遗漏或无法达到的领域。志愿运动是公共社会运行的重要方式，可以调动必要的人力和物力来解决整个社会的具体问题，尤其是一些新的、无法被纳入正式制度范围内解决的问题。第二，它充当了公共权力与私人领域连接的过渡带，减少了公共权力直接介入私人生活。第三，它减少了市场对社会的直接介入。它倡导社会自愿合作与互助的价值理念，发动各种以实现社会公正、环境保护等为目的的社会运动。第四，公民社会具有自律功能。公民社会的发育水平体现了一个社会的自组织和信任程度。目前中国的公民社会组织在赈灾救灾、扶贫济困、环境保护、帮助妇女儿童和老弱贫残等弱势群体，以及社区服务、项目规划、社会事务管理等方面正发挥越来越重要的作用，并得到中央和地方政府的高度重视。

社会参与形式的内容。下文将对可获得的国内外社会参与理论与实践中出现的社会参与形式的具体内容（包括定义、优缺点、适用条件、案例）作详细介绍，见表2-4、表2-5、表2-6。

表2-4 "有效决策模型"的社会参与形式

类型	参与形式	含义描述	优点	缺点	适用条件
以获取信息为目标	关键公众接触法（关键目标群体接触）	公共管理者向公民中的"关键人物"，通常是向有组织团体的领导人，就特定的政策问题征询建议	第一，因为获取的输入信息是个人化、面对面、详细而富有深度的，这样有助于产生高质量的信息。第二，该方法的应用较为简单，不需要进行公民集会，不需要任何正式的规划或专业技术。第三，关键接触者不要求分享决策影响权	关键人物的代表性问题，他们是否能够代表所在群体的利益，是否能够代表更大范围的公民的利益	第一，它不适宜用于获取没有组织化的公众观点的场合。第二，在使用该方法时，公共管理者和决策制定者要注意，那些公民组织团体的领导可能不能代表那些没有组织化的公众。第三，为了避免该方法在代表性方面的缺陷，该方法要求管理者不能只局限于关键人物，还要去寻找一些其他候选人物。第四，关键公众接触法是获取信息的有用方法，但该方法一般不单独使用，而是作为其他参与形式的有益补充
	由公民发起的接触（公民原创性接触）	公民自发地与政府管理机构联系，要求提供某项服务，表达对某项服务或某服务机构的不满，或提出一些其他要求和意见	第一，与关键公众接触相比，由公民发起的接触反映着较大范围的公民参与，这取决于公民投诉或反映意见的数量。第二，管理者不用担心公民反映的意见包含的强弱程度。第三，信息的获取是利用现有的信息搜集系统实现的，因此成本较低。第四，随着公民投诉或反映问题记录的增加，管理者可以把它视为追踪服务发展状况或发现问题变化情况的一种手段	第一，代表性问题，即使由公民发起的接触可能反映了很多人的意见，但并不意味着它反映了大多数人的意见。其次，公民接触方法也有被人操纵的可能性	如果公共管理者要了解公民对现存公共服务状况的满意及需求程度，由公民发起的接触方法所获取的信息能祈祷的作用最大。当管理者意识到某项公共服务存在问题时，利用公民接触方法是一种获取所需信息的最好途径。相反，如果要想对新型规划或服务进行评估，则由公民发起的接触所获信息的价值十分有限

（续）

类型	参与形式	含义描述	优点	缺点	适用条件
以获取信息为目标	公民调查/公共调查	它是进行公共决策并将之付诸实施之前的一种必要程序。它是邀请社会公众（居民、社会组织、经济界人士或普通公民）对正准备并已公布于众的国家、集体和私人项目规划提出意见建议的公共协商制度。任何工程项目，不管是公共还是私人性质，凡是潜在有对其实施范围内的环境造成危害可能性的，在实施之前都应该开展公共调查。公共调查结果对一切公众开放，不受任何限制。现实中的公共调查大致可以分为两类：一是关于环境保护方面的公共调查，二是关于公共权益的调查。公共管理者通过电话访谈的方式向公众获取所需信息，而又不需要与这些公众分享决策权力的一种社会参与途径	第一，公民调查的最大优点是它代表性问题，它具有向较多人口征询意见的潜力。第二，如果公民调查能够定期顺利进行，则能够得到比较完备的公民意见和感受趋向的信息	第一，公民对问题措辞上的微小变化会十分敏感，而且，公民对调查问题的回答缺乏牢固性和持久性。解决这一问题的办法是，对同一调查问题进行间断的调查，以获取一幅有价值的、反映公众意见总趋向的动态图画。第二，公民在调查中提供的意见倾向不能充分显示他们对问题的情感强弱度。第三，公民调查相对是一种比较呆板的方法，它仅仅能够为管理者提供有限的机会了解公众在不同场景下对某个问题的看法的变化。第四，公民调查方法要求问卷调查的工具是认真构建的，样本是随机抽取的，实际的访问是公正进行的，只有这样，才能得到有价值的调查结果。第五，管理者对公民调查显现的结果必须进行细致的解释，幸运的是，随着社会调查方法应用的不断发展，人们已经建立了基准数据（Benchmark Data）	第一，在某一问题上，管理者不能确定公众持有的观点或意见。第二，已经明确界定了针对此问题的行动方案。第三，围绕问题存在由多个组织的团体和无组织的团体构成的复杂的公众
	新的通信技术	如交互式电视、电话语音邮件系统、电子计算机公告牌、"多媒体平台"等为公共管理者提供了全新的工具和方法，使得公民与政府之间的沟通变得十分便利	它强化了以信息为目标的社会参与手段，即政策制定者和公共管理者可以更好地从公民那里获取信息，同时不必分享其决策影响权力	新技术在推进社会参与中的作用也不应该被过分扩大	

（续）

类型	参与形式	含义描述	优点	缺点	适用条件
以增进政策可接受性为目标	公民会议（或公民听证会）	公共管理者经常采用的方法，也是保留至今的最常见的公民参与决策的正式形式	只要对公民会议进行精心设计，包括把握公民会议的目的、安排合适的时间和地点、确认相关公众的代表性（使用公民会议的最新成果"公民小组主题讨论"以提高参与者的代表性），避免可能出现的缺陷，它就能很好地实现代表性和有效性，以满足公众和管理者的要求。同时，会议组织者可以通过很多种技术来经营公民会议，促进各种意见的表达。一种方法是"目标团体"方法，也被称为"小组专题研讨方法"，就是将参与者分为较小的目标团体，每一个目标团体分别对问题进行讨论，然后再汇报给大会进行总结	它的代表性确实问题，即不能产生出具有代表性的公民意见。主要表现在三个方面：第一，参加会议的人可能是一般大众的典型代表，也可能是某一小范围相关公众的代表。第二，即使与会者的构成本身具有代表性，但其表达的言论也未必有代表性。第三，公民会议妨碍了公民对政府决策过程的影响力	第一，公民会议举行的适当时机是管理者希望与公民进行交换信息的时候。第二，有时管理者也可以通过使用公民会议仅仅满足其单纯获取信息的目的
	咨询委员会	由利益集团的代表组成，其中包括商业组织、劳工组织、公共管理机构官员以及公民组织。这实际上形成了参与中的"共和体"结构，即公民参与过程被限于那些代表较大的公众群体利益的少数个人	第一，在某个政策问题存在着多个利益相关团体时，相比其他方法，咨询委员会能够更快地作出决策。第二，获得咨询委员会资格的荣誉感会激励参与成员站在更广大团体的利益上考虑，而不仅仅代表某一特殊利益集团的利益，这样就促成了基于公共利益的决策制定。第三，它是使某项决策获得公民接受的一种极佳工具	第一，代表性问题，咨询委员会能在多大程度上代表公众利益。第二，委员会成员可能联合起来反对行政机关设定的政策目标或质量要求，从而产生与管理者不一致的风险	第一，政策问题的相关公众至少包括两个或两个以上的组织化团体及未组织化的公众，其中，组织化团体包括公民团体和其他利益团体。第二，当管理者认为咨询委员会成员彼此之间达成了一致，但是却不赞同公共管理机构设定的目标时，咨询委员会途径不是一个好的选择。第三，只有当管理者希望在重大问题上与公众分享一定的决策权力时，才可以采用咨询委员会的做法

（续）

类型	参与形式	含义描述	优点	缺点	适用条件
以增进政策可接受性为目标	斡旋调解	利用借助于不为任何利益团体效劳的第三方（A Third Party），通常是职业斡旋调解人员，通过各方利益调节的方式寻求争议的解决之道。它在20世纪70年代晚期变得兴盛并日益普及	第一，它有助于提高达成一致的可能性。第二，通过斡旋调解方法获得的问题解决方案的质量，通常比任何其他方法获得的结果都要好。第三，斡旋调解可以促使最终解决方案的执行，而不是使其停滞不前	它要付出的成本很高	第一，争议对立各方必须势均力敌，争议陷入了僵局，并且对各方有和解意愿。与此同时，在斡旋调解中，对立各方的代言人必须拥有一定的权力，能够作出解决争议的决策。第二，斡旋调解手段还要求"公共决策"的途径必须是适当的。只有通过这种途径，管理者才会把一定的决策影响权力作为斡旋调解的必需条件，让渡给其他的决策参与者。第三，当相关公众仅仅由为数很少的组织团体组成时，该方法最容易实施；当组织团体数量或相关利益太多的话，斡旋调解手段的实施是很困难的
社会参与的新形式	申诉专员和行动中心	申诉专员是政府雇用的中立的第三方人士，申诉专员帮助公民就有关问题的请求或者投诉获得政府机构，有时包括私人商业机构的回应。申诉专员制度是从斯堪的纳维亚国家借鉴而来加以创新而形成的。行动中心的功能与申诉专员类似，它甚至可以被称为是申诉专员的行动办公室。两者的区别在于，行动中心的责任很少延伸到受理针对私人企业的投诉	申诉专员和行动中心的优点是，它们都能有效地解决公民投诉的问题，而且，对于公民而言，这些机制比他们向民选官员或直接向政府部门投诉得到了更好的结果		

（续）

类型	参与形式	含义描述	优点	缺点	适用条件
社会参与的新形式	共同生产①	政府与公民或公民团体联合生产或合作生产，提供公共服务。在这些合作生产中，公民和政府机构共同确定公共服务的性质和结果	共同生产能够提高政府的效率，降低公共服务的成本	第一，共同生产往往被限制在不需要专业技能的领域里。第二，公民或者公民团体的贡献很少能帮助政府减少预算支出	第一，公共管理者意识到共同生产的潜力。第二，很多共同生产是以较高形式的公民参与为前提的，在共同生产中，公共管理者要给予公民和公民团体必要的信任。第三，共同生产也需要预先的规划。第四，公共管理者需要考虑提供怎样的激励措施以吸引公民参与共同生产
	志愿主义	公民可以通过成为一名志愿者介入公民参与当中，此间，公民牺牲了自己的时间为公共服务供给提供支持	它对于需要提高政府服务水平的同时而不增加额外支出的服务领域，意义重大	志愿者的管理和培训也许会增加政府的成本	为了发挥志愿主义制度的优势，管理者必须谨慎地规划和组织志愿者项目
	决策中制度化的公民参与				要保证公民参与的长期成效，最好的办法是在决策制定中将公民参与的作用制度化。定期对实质性资源施加影响有助于激励公民和公民团体，使其保持积极主动的态度和精神
	保护公共利益结构				不断增强的公民参与带来了一种风险：在努力满足众多参与与决策的私益性利益团体要求的时候，更广泛的公共利益可能被忽视。地方实践中的新形式，如公民论坛、社区范围内的战略规划，被验证为能够在不断增强公民参与的同时保护公共利益免受侵犯

资料来源：约翰·克莱顿·托马斯：《公共决策中的公民参与：公共管理者的新技能与新策略》，孙柏瑛等译，北京：中国人民大学出版社 2004 年版，第 81 - 140 页。

---

① 近 20 年来，公民及其组织以政府公共服务的合作者身份进入社区公共事务管理过程的参与形式得到了快速发展。在各国地方治理中，政府与公民共同创造了诸多合作生产地方公共服务的创新形式，积累了一些具有普遍意义的实践经验。各国在实践中不断探索着共同生产的合作机制，逐步形成了一些创新模式。第一种创新模式是社区公共服务共同生产协议。社区发展公司是社区服务共同生产的第二种创新模式。

表 2-5　欧洲实践中的非正式社会参与形式

参与方式	基本描述	适用领域/优势	程序特征	案例
未来工场	由罗伯特·容克（Robert Jungk）和诺贝尔特·米勒特（Norbert Mullert）在 20 世纪 70 年代提出，是让参与的公众自己制定具体的解决方案，并在未来工场之后自己致力于这些解决方案的实施	①适合激励那些在政治上不太感兴趣或不太积极的人。②具有广泛的应用领域	①批判阶段：批评性审视问题状况。②想象阶段：设计所需要的解决方案。③实现阶段：审查设计解决方案的可实现性。④允许并促进不同的视角	针对萨克森—安哈尔特州年轻人和年轻家庭的、富有吸引力的乡村生活模式的未来工场，参见：http://www.pro-landleben. de/web/pdf/Zusammenfassung. pdf
规划小组/公民鉴定/公民陪审团/公民评审团	公众参与程序"规划小组"于 20 世纪 70 年代初由彼得·迪内尔（Peter Dienel）开发。一个规划小组由一个大致 25 个随机挑选出的人组成，这些人被邀请来作为鉴定专家，并获得脱产，以便通常在 4 天时间里、在中立的主持人的协助下，就一个既定的问题制定解决方案。倡议者及委托方一般是国家机构，专家和游说人士可以作为报告人进入程序，讨论只在公民之间进行。经常有 4~12 个规划小组平行地致力于一个主题，以便提高建议的代表性。规划小组结果被归纳在一份公民鉴定报告中，该报告由公民在一次公开活动中呈送给委托方。规划小组和公民鉴定报告是高度务实的	应该更多地被应用于解决冲突式问题，而非开放式、创新式问题	①公民随机挑选产生。②支付报酬和脱产。③由有着不同意见的专家提供信息。④小型工作小组且其组成在不断变化。⑤在一份公民鉴定报告中公布结果	针对柏林蒂而加藤区马格德堡广场这个问题城区的未来的公民鉴定报告，参见：http://www.nexus-berlin. Com/Nexus/Bereiche/Buergergesell-schaft/magdeburger. html

（续）

参与方式	基本描述	适用领域/优势	程序特征	案例
具有规划小组性质的公民陪审团	20世纪70年代，德国社会学家彼得·迪内尔（Peter Dienel）首次提出了公民陪审团的概念。此时，美国杰弗逊民主进程中心发起人奈德·克劳斯比（Ned Crosby）也提出了类似概念。自此，在英国和日本等许多国家形成了追随者和实践者队伍。克劳斯比的公民陪审团和迪内尔的规划小组有几个不同之处。其一是规模：克劳斯比的陪审团人数较少，在18~24人之间；迪内尔认为至少要有4个平行的规划小组，每组25人，总共100人，才能使结果具有足够的代表性。但两者之间的相似之处远多于共同点。目前，只有英国和日本有过多次公民陪审团的实践，但在未来会实现它的标准化和大规模应用	适用性：①公民陪审团尤其适合解决冲突性问题。应该更多地被应用于解决冲突式问题，而非开放式、创新式问题。②特别适用于超国家层面的问题。优势：①不受游说团体的影响。②共同利益受到最大程度的照顾。③结果的可接受性。④多元整合。⑤发动群众。⑥发扬光大	特点：①参与公民随机挑选。除去专家和主持人，成立有4~20个平行陪审团，共100~200名随机挑选的公民，参加到进程中来。②公民获得充裕时间。他们为一个具体目标担任通常4天的顾问。每天最多有4个工作单元。这样他们一共可以讨论研究16个子议题，从而为一个较大的议题提供咨询意见和解决方案。③某个政府机构邀请公民参加并支付酬金。④提供有争议的信息。专家和相关利益方向陪审员提供具有争议性的信息。⑤小组成员不断变更，以保证广大公众有平等讨论的机会。⑥汇编"公民报告"	
调解	调解是一种古老的冲突解决方法（以色列国王所罗门就已经推行），作为一种被所有参与者接受的、旨在形成解决问题的方法的非正式、自愿程序，从20世纪70年代以来在美国和德国重又盛行。中立的主持人支持冲突各方的自我责任，并促进他们独立地制订解决冲突的各种方案。目前，德国有数百名经过培训的调解员，有专门的大学专业以及各种相应的进修课程	这个程序的政治应用领域包括在一名中立的、不偏袒的第三者调解下解决各方之间的冲突	①参与是自愿的，结果是开放的，参加者是了解信息的。②冲突由冲突各方自行解决。③在参与的冲突各方的利益之间进行衡量。④未来的构建是这个程序的中心内容	调解——位于慕尼黑的维也纳广场：在附近居民、商业业主、城市行政管理机构和公民倡议行动之间，就慕尼黑维也纳广场的重构的成功调解，参见：http://www.sellnow.de/docs/wienerplatz.pdf

（续）

参与方式	基本描述	适用领域/优势	程序特征	案例
请愿书	递交请愿书是向国家的行政机构或议会递交呈文的权利，公民不用担心会因此遭受不利。通过这种方式，从个人的投诉权中就产生了一种协商程序。除了行政诉状以外，许多请愿书的内容有关于对社会与政治创新的建议		①个人请愿书：某个人提交一份请愿书。②集体请愿书：一群人提交一份请愿书。③公开请愿书：一份请愿书被公开，每个人均可以在有限的时间里在请愿书上签名附和。④请愿书在德国由一个请愿书委员会处理。⑤请愿书体系的表现形式在各国差异明显	要求联邦劳动事务所中的工作人员能更易于联系的请愿书（向德国联邦议院请愿书委员会提出的公共请愿书及其讨论的概览，参见 http://epi-titionen. bundestag. de/
开放空间	该程序的发明人、美国的组织咨询顾问哈里森·欧文（Harrison Owen）称，他是把这个程序作为一个由他筹备的国际会议的副产品加以开发形成的。在这次会议上，咖啡歇时间被证明是该次会议最有成效的部分。紧接着，欧文把公开的咖啡列为这个程序的基本原则：开放空间这一程序的参加者在没有事先计划的情况下，通过他们的行动确定过程的方向、进程和内容，自负责任的同时致力于完全不同的主题。如果在开始阶段很好地主持，开放空间通常能激发创意点子。程序结束时能够产生新的点子和创意，而不是决策	开放空间特别适用于结构改组过程的准备以及就此达成一致意见	①在全体会议开始时主持。②紧接着非常开放的、自我组织的工作小组结构。③工作小组可以随时更换。④适用于几乎所有的大小组	开放空间——罗斯托克城区格罗斯—克莱恩"在格罗斯—克莱恩如到家"；主题：如何能使在格罗斯—克莱恩的居住重又变得有吸引力，参见 http://www. buergerge-sellschaft. de/politisch-eteilhabe/modelle-und-methoden-buergerbeteili-gung/ideen-sammeln-kommunikation-und-en-ergie-buendeln/praxis-open-space-rostocker-stadtteil-gross-klein/103430/

（续）

参与方式	基本描述	适用领域/优势	程序特征	案例
公民展览会	由海纳·雷格威（Heiner Legewie）和汉斯—吕迪格·迪内尔（Hans-Liudger Dienel）开发的公民展览会的基本思想，在于展示利益集团的观点、目的和动机，并紧接着使有关此的公开对话成为可能。其中，出发点是就一个感兴趣的问题或主题询问不同的行为体。在这些采访中，行为体表述它们对该主题的态度，他们的行动、困难、希望和解决问题的点子等。同时也加入了美学因素，通常是照片，它们直观地展示行为体及其视角的核心。在这个基础上形成了公民展览会，它把图片和访谈语句组合在了一起，由此以形象的方式就某一个主题或问题提供了新型的、活跃的视角	公民展览会用来提供信息和启发进一步的讨论，以及提高讨论和改变过程的透明度	①把照片和高质量的访谈组合成一张海报。②充满美感地、带有情感和生平因素地展示不同行为体的视角。③在一场喜庆活动中为公民展览会揭幕。④公民展览会作为提供信息、建立透明度和激发进一步讨论的手段	公民展览会"外移与回归——马格德堡的回归故事"：在公民展览会上，展示外移者返回马格德堡的动机，参见 http://partizipative-methoden.de/buergerausstellungen/

资料来源：汉斯—吕迪格·迪内尔："德国公众参与程序综述"，载刘平，鲁道夫·特劳普—梅茨主编：《地方决策中的公众参与：中国和德国》，上海：上海社会科学院出版社2009年版，第12-20、25-42页。

表 2-6 欧洲预算参与中的参与形式

具体形式 \ 项目	含义要点	优点	缺点/挑战	案例
为欧洲而调整的阿雷格里港模式	①不是针对个体公民；②参与性讨论主要涉及具体的投资与项目；③当地政府部门有义务去实现那些参与预算过程中所涌现的建议。尽管在预算问题上的相关决策还是继续由市政厅来最后定夺，但可以认为公民们"事实上"拥有了决策的能力	拥有进行高质量审议的潜能。不管是在大范围的全会上还是在较小范围内的论坛	①如何把参与预算制的程序与整个行政系统的全面现代化结合起来；	塞维利亚的安达卢西亚市（西班牙）的案例，这是欧洲采纳参与

（续）

项目 具体 形式	含义要点	优点	缺点/挑战	案例
有组织利益团体参与的模式	①次要性联合会、非政府组织、公会及其他有组织团体扮演主要的角色；②各种联合会和利益集团能够对某些领域的公共政策制定施加影响；③讨论的核心往往是大的政治性指导原则，比如涉及住房、教育、环境及当地交通等政策的大政方针；④事关公民建议的处理方法上，不如为欧洲而调整的阿雷格里港模式正规，或许只是引发某种非正式的商议过程	或者代表委员会上，都可以展开深入的讨论，使得人们能够酝酿具体的解决问题的建议，并澄清某些问题的重要性	②如何处理好个体公民的参与和有组织的利益团体的参与这两者之间的冲突	预算制城市中规模最大的一个
基层和市政层面的社区基金模式	①这两种模式中都设有基金，用于投资，或分别用于社会、环境、文化诸领域的项目；②有组织团体，如当地的或社区的联合会、非政府组织，在两种模式中都处于核心位置，不同的是，其中一种模式排斥经营活动，而另一种模式非常重视经营活动	参与者均有机会具体实施项目，从而为社会参与提供了可能	与当地的政治结构的联系均偏弱或没有	布莱福特（英国）的案例
公共与私有部门谈判的模式				普劳克（波兰）的案例
就近参与的模式	①讨论的结果由当地行政系统，而不是由参与的公民来加以归纳总结，公民的影响力非常微弱；②各种联合会很少在这一制度中扮演什么角色；③就近参与模式往往依赖于原先的参与手段，比如街区基金或理事会，公共财政协商模式保留了来自阿雷格里港的影响，实际上更得益于"新公共管理"战略的参与趋势；④就近参与模式大多数涉及街区，并只关涉这一层面的投资，公共财政协商模式首先促进城市财务的公开透明，有关总体预算的信息通过小册子、因特网、新闻发布等形式而得到散发；⑤公共财政协商模式的审议质量偏低，因为在多数情况下，没有时间展开更为深入的讨论，就近参与模式的辩论质量要高些，因为公民有时会分成小组，在较长时间内反复开会		在这两种模式中，有关议案落实的问责制不够强，公民社会的自主性也比较弱	鲍比尼（法国）的案例
对公共财政进行协商的模式				柏林利腾伯格（德国）的案例

资料来源：维斯·辛特马，卡斯滕·赫茨贝格，安佳·若克：《欧洲的参与预算制：对中国的启示》，载刘平，鲁道夫·特劳普—梅茨主编：《地方决策中的公众参与：中国和德国》，上海：上海社会科学院出版社 2009 年版，第 87 - 97 页。

上述国外理论和实践中出现的一些参与形式，具体解释如下。

公民创制与复决。它最初产生于古希腊罗马直接民主制中，是比较传统的决定公共管理事项和制度的公民参与形式。它是指在地方立法议程中，公民有权对相关法律的创立、修改和撤销发表意见，施加影响。公民行使其权力的方式是，通过联合投票，建议、倡议制定某项法律，或者提议修改、废止带来不良影响的法律条款。公民投票包括两种形式：公民创制权和公民复决权。公民创制权是指公民可以通过创制方式，对立法机构尚未执行的，或尚未完成立法议程的，或正在修正的原有法案提出要求、建议和意见，使得立法法案能够反映民意。公民复决权指公民对已经完成立法程序的或已经执行的法律法案进行公决，以表达公民支持、反对和要求的声音。复决权既可以由公民个体联合，并达到最低法定支持人数的群体提出，通过签名联署的方式实施，也可以由法人、公民组织联合发起，采取复决行动。公民创制和复决是制度化程度较高的公民参与形式，它将公民的意愿和对公共问题的思考，通过法定合法的渠道传导给公共政策制定者，并敦促其进入政策议程，明确表现在法案制定中。创制和复决的关键在于，公民提出的倡议具有重要价值和影响力，能够直接进入决策议程并在最终的决策结果中得到反映。①

公民论坛。这是 20 世纪 90 年代以后地方治理中迅速发展起来的公民参与社区政治生活的一种形式，它是由生活在社区中，具有面对面交往条件的公民自发组织而形成的。公民论坛依托于社区公民的志愿、公益、互助等行动，投身于社区公共事务管理，从而表现出公民具有关注公共生活，承担自主管理责任的强烈意愿（孙柏瑛，2004）。

公民论坛具有如下功能：第一，公民论坛为公民共同商讨社区公共事务管理，关注社区发展提供了一个制度平台。公民论坛定期举行由邻里参加的会议，讨论近期社区内出现的问题和需要大家关心的事情，对共同面

---

① 孙柏瑛教授从公共政策过程和参与形式两个维度总结了地方治理中社会参与的形式并给出了具体的含义：公民创制与复决（Citizen Referendum）；关键目标群体接触和公民原创性接触（Key Focused-Groups Contacts，Citizen Surveys，and Citizen-Initiated Contacts）；公民大会（Public Meeting）；咨询指导委员会（Advisory Committees）；公民论坛（Citizen Forum）；公民宪章运动与公民满意度投票（Citizen Charter and Satisfaction Poll）；社区服务的共同生产（Coproduction and Collaboration）。

对的问题提出解决方案。公民论坛的议题来自投入公民议题箱的建议，经社区理事会（Community Council）和工作室（Community Workshop）筛选、归纳之后，将比较重要的议题提交到公民论坛讨论。第二，公民论坛也是社区公民的学习性组织。社区公民在共同面对问题、共同回应问题的过程中，学会了彼此学习、分享信息；学会了理解对方的价值观；学会了描绘和分享社区发展的共同愿景。因此，公民论坛也创造了公民自我学习、相互学习、共同学习的场所。第三，公民论坛是社区互助服务、自主管理的互助组织。公民论坛并没有停留在讨论和商议上，它更是一个行动组织。通过大量社区公益性和互助性服务活动，公民论坛向社区需要帮助的群体提供了关怀与扶助。第四，公民论坛是与政府联系沟通的重要渠道，是地方政府倚重的民间力量，它促进了政府与公民组织间的互动。

公民论坛还有很多其他形式，如邻里专题论坛（Neighborhood Panels）、公民跨社区的地区重大事务论坛、公民主题讨论与发言和利益共享与分享者论坛等。

市民意见征询组。用来提供一个有代表性的公众意见，它们通常用在有关服务的改善方面。市民意见征询组通常用在正在发生的事情的调查，但更喜欢问一些问题去了解人们想知道什么和关心什么。市民意见征询组组成十分灵活，从 12 人到几千人，有代表性的市民意见征询组由 500～2 500 人组成。通常是通过调查问卷了解有关地方公共服务的意见反映和建议。选出的小组成员通常要能够反映他们所代表群体的意见，所以，市民意见征询组的成员需要经常更新以保持其代表性。

焦点小组。是被邀请参加的一小群人，通常是由 6～12 人组成，在会议引导员引导下深入讨论特别话题。成员被从有代表性人口的特定群体中谨慎挑选。他们主要用作详细研究深层的、细微的问题。这个小组可能开一次或一些会。通常有一两个会议引导员和一个观察记录人员观察和记录小组对特定问题或事件的反映，为小组提供细致的服务。采用焦点小组的目的是为了寻找对建议的定性的反馈，产生新思想，为了一个更大的咨询实践鉴别问题，追踪问题的理解，寻求理解行为和动机，试图获悉一个主题的调查等。运用这种方法时要详细考虑小组成员在整个参与程序中的作用，以及需要从这一程序中获得的东西。

街区议事会。2002年，在《近距离民主法》的规定下，法国建立了"街区议事会"制度。根据该法的规定，人口超过8万的市镇必须建立街区议事会，人口介于2万与8万之间的市镇可以设立街区议事会。有的地方规定一年至少召开两次会议，有的地方每一个街区议事会内部又分成若干个工作小组，不定期地分主题召集会议。与会者来源广泛，议题广泛，街区议事会的主要活动形式是由街区居民参加的居民大会或居民代表会议。除了讨论与其日常生活密切相关的社会事务，纯粹个人性质的问题或直接带有政治性、政党性的问题被排除在谈论范围之外。涉及城市全局性利益的政策也被排除在外。

城镇电子会议。把许多人聚集起来一起讨论问题，了解他们的慢慢形成和变化的、或共同的、或个人的想法。参与者10~15人一组进行讨论。每一组都设有一个主持人，也是负责人，他负责监督讨论，以保证会议顺畅、民主地进行。讨论和专家发表意见交替进行，各小组会议主持人会收集讨论中的突出观点和建议，向专家提出疑问。会议还可以组织专家对讨论的主题进行辩论。最终，参与者通过自己手上的遥控系统，用电子票表达自己的意见。

政府工作公开展示会。2007年11月蔡定剑在意大利托斯卡纳大区发现一种新的参与形式，他把它叫作"政府工作公开展示会"。展示会在一个类似展览中心的地方举行，大厅中一个一个展厅布置与商品展销会无异，不过展览的不是商品，而是政府的服务。他们参观的展示会的名称叫"说与做"——2007年主题：权利、价值、创新、支持。意思是政府去年向人民说了什么，现在要展示做出了什么具体成果，同时还要告诉人民新一年的工作计划和承诺。主办者是市镇协会，参加展示会的是大区政府以下的各级政府。展示会每年举办一次，各级政府及部门自行报名参加。展示会的功能在于：第一，通过向人民报告工作和作出新一年的工作计划和承诺，能实现公众对政府工作的参与和监督，政府能通过这种方法得到很多决策和改进工作的信息；第二，交流政府工作经验和成果；第三，宣传政府的政策主张。

民间思想库。自1990年代以来，民间思想库兴起，它是独立的公共决策机构，它们独立于政府、企业、政党、利益集团，乃至大学，从而可以有更中立的公共利益取向。民间思想库在两个方面促进了公民权利的增长：第一，民间思想库对重大政治经济问题的专家研究为公民参与架起了桥梁。思想库的本质是专家参与公共政策，从而是公共决策民主化、科学化的体现；同时，通过专家的独立研究和公开研讨，有利于公共议题的公众参与和民主决策，它也是公共决策公开化的体现。如天则经济研究所、海南（中国）改革发展研究院、深圳综合开发研究院等，通过汇集专家进行独立研究、承接政府委托研究、不同层次的研讨等，促进了重大经济、政治等问题的公共决策机制。第二，直接参与基层民主发展的程序设计、公民教育等实践，促进公民权利在政治体制中实现（贾西津，2008）。

民主恳谈。在浙江省温岭市新河镇，选举产生的人大代表将直接参与镇政府预算过程，镇政府的所有预算都要在人大会议上公开审查和讨论，公众则以民主恳谈的形式参与这一过程。具体过程大致如下：选举→培训→草案提交→草案初审→草案修改→草案二次审查→草案二次修改→草案三次审查（终审）→修正案通过→预算执行监督。从 2005 年开始，新河镇开始参与式预算试验，至今已经进行了四次，并取得了较好的绩效：参与式预算通过将决策的焦点从政治家和技术官僚的办公室转移到公共论坛，决策的参与者越来越广泛，促进了参与和政治决策的透明；参与式预算激发并改变了人大的作用，越来越多的参与增强了民意的表达和公民在决策过程中的影响力；参与式预算像是一所"公民学校"，提高了公民的参与能力；参与式预算启动以后，整个镇的人们的生活质量，以及公共服务的提供，都有很大改善（慕毅飞，2009）。

公益诉讼。这是"特定的国家机关和相关的组织和个人，根据法律的授权，对侵犯国家利益、社会利益或不特定的多数人的利益的行为，向法院起诉，由法院依法追究其法律责任的活动。普通公民提起公益诉讼是一种公共参与行为。美国的环保领域，已经有成熟的环保公益诉讼制度。然而，我国的公益诉讼立法准备不足，无争议的公益诉讼个案很少。中国环境公益诉讼成功第一案是陈岳琴律师于 2005 年 4 月 25 日起诉北京市园林局，要求其根据我国《城市绿化条例》第十六条和相关强制性国家标准在一个月内履行对华清嘉园绿化工程进行验收并出具绿化工程竣工验收单的法定职责（中央编译局比较政治与经济研究中心、北京大学中国政府创新研究中心，2009）。

联络小组。创建联络小组通常是为确保在对某一状况或项目的负责当局与地方社区之间定期沟通渠道的畅通。他们往往涉及相对较少的一群人，有时仅五六个，其工作就是保持联络线为他人开放，并确保当问题出现时，他们可以迅速处理，并将结果反馈给那些检举问题的人。在项目或局势持续的情况下，联络小组有时会持续多年，成员必要时也随之改变或更换；或者他们可能有意以具体的存在方式来处理一些特定的情况（安德鲁·弗洛伊·阿克兰，2009）。

路演和展览。路演、展览和其他展示方法启用了"一图道千言"的传达信息的理念。可以在人们所到之处，如学校、购物中心和居住区拿出来展示，这比不得不吸引他们前来观看要好，并且它们可以吸引诸如青年这样不愿对文件或会议等作出回应的群体。举办一个展览是很有价值的：它可以帮助提炼想法或发现某些东西的不切实际。展览还可以用来收集观察者的现场反应，并且一系列的展览，以说明一个项目在参与过程中的进展情况。这样，便可以为当地利益相关者和社区建立持续的关系奠定基础。但是，好的展览需投入大量的时间和金钱。不仅是印刷、摄影及可能的短片拍摄成本，还有组织工作人员为展览服务的费用，以便能及时答复观察者的问询（安德鲁·弗洛伊·阿克兰，2009）。

网络参与。近几年，基于网络的参与过程开始被广泛使用。它提供了很多好处：人们可以不必跋涉而参与；节约经费；使人们把重点放在特别关涉其利益的相关问题上；对在公共场合下感到拘谨或比起发言更愿意书写的人们更为有效。网络参与过程可以单独使用，也可以与其他方法结合使用。网络参与过程主要有三种形式：第一，跟帖论坛；第二，网上问卷调查，网上问卷的最大优点是可以捕获大量数据，并迅速对其进行分析，但它花费的时间不比纸面问卷少；第三，网上咨询文件，其优点是，数百或数千的人可以在同一结构方式中评论，它同时需要参与者做一个合理的时间承诺。

2.1.2.4　社会参与的程度

何谓社会参与的程度。社会参与的程度是指社会参与对整个政治运作过程的重要性程度。一般来说，参与程度和公民在国家中的地位及其参与能力有直接关系。随着社会参与被更加频繁地使用，社会参与的频率不断提高，人数不断增加。公民参与的发展时机可以从过去的"偶然性"延伸到"经常性"，越来越多的社会阶层被纳入政治过程之中，参与大众化（李图强，2004）。当然，保证社会参与的程度是实现民主政治、提高公共管理绩效、最大限度地保障民众利益的良好途径，也不能不加考虑、毫无限制地认为可以直接适用在各种公共议题上，必须要根据实际情况作弹性与制度性的策略设计。

关于社会参与的程度，李图强有这样的论述：在传统的代议制下，公共行政人员控制了公民参与的整个过程，由他们界定议案或改变行政程序，再决定或允许公民参与的范围。此模式最大的问题在于，行政专家并不是真的了解民众的需求，甚至某些公共政策的决定产生了众多利害相关的人群（李图强，2004）。King 也提出，真实的参与或是直接参与是通过衡量全社会中参与的比例来确定的，这是一种由公民亲自深入而持续的参与过程，以便影响某种公共行政或政策情境（King，Cheryl Simrell，Kathryn M. Feltey，and Bridget O'Neil Susel，1998）。什么是"亲自深入而持续的参与"以及具有广度和深度的参与呢？李图强进一步强调，就其民主本身来说，真正的民主化就是视为扩大公民参与社会公共事务的过程，今日社会所迫切需要的是扩展公民参与的深度、广度，需要的是提高已经实现的参与的质量，使之更加充实。理想的公民参与不仅仅是让公民在选择代表后就算是参与了管理，而应该让他们在力所能及的范围内识别问题，提出建议，权衡各方面的证据与论点，表明信念并阐明立场，推进政府的候选人——一般而论，即促进民主并深化思考。如果公共行政不仅准许公民持续、有力、普遍参与而且鼓励公民了解情况，并且把决定权留给参与者，那么可以讲，这种社会的公民参与就是既有广度又有深度的参与。关玲永认为，衡量社会参与的程度从三个方面进行，即社会参与的广度、深度及效度。

社会参与程度的界定。关于社会参与的限度，或者说参与的程度选择问题，学者们主要从公共决策的角度进行研究。有些学者认为，公民较适于参与地方层面的、与其生活相关度较强的、有能力也有意愿参与的决策议题，而对于中央层面的、与其生活距离较远的议题，民众通常不乐意、也没有能力参加。例如，阿尔蒙德与维巴对 5 个国家的研究结果显示，比较中央政府而言，公民较有能力影响地方政府的决策。R·Box 所主张的"公民治理模式"也是建立在社区治理的基础上的。奥斯特洛姆也认为，每个人在对自身事务的管理中是最有主权的，每一个镇区在自身事务上最有主权，在超越镇区之上的一般事务依从于国家的主权（唐兴霖，2000）。

托马斯更为具体地通过变量化和指标化的方法界定社会参与的程度，也即"公民参与的适宜度"。托马斯指出，界定公民参与的适宜度主要取决于最终决策中政策质量要求（Quality）和政策可接受性要求（Acceptability）之间的相互限制。一些公共政策问题更多地需要满足决策质量要求，也就是说，需要维持决策的专业化标准、立法命令、预算限制等要求。而其他一些公共政策问题则对公众的可接受性有较大的需求，即更看重公众对政策的可接受性或遵守程度（约翰·克莱顿·托马斯，2004）。

在此基础上，孙柏瑛详细解析了托马斯理论中社会参与范围和程度的选择问题，总结了三种不同范围的策略性选择与方向：一是政府单独进行公共政策制定，没有开放公民参与途径；二是咨询性的公共政策制定，公民有一定形式的参与，但主要作为咨询对象发挥作用，对政策制定的影响力极为有限；三是参与式的公共政策制定，公民以多种参与形式参与公共政策制定过程，并对政策产生直接的影响。由此，根据公民参与的范围和程度，各种参与形式表现为不同的参与范围和等级（孙柏瑛，2004）。这些参与形式是：政府独立决策；修正后的政府独立决策，如以信息获取为主导的公民调查、目标群体接触等；分散性公民咨询和协商；单一性公民咨询和协商；公民参与公共决策，如公民论坛、公民创制、公民投票、咨询指导委员会、社区服务共同生产等。[①]

社会参与程度的选择是针对社会参与过度问题提出的，而实际上，现实生活中社会参与不足的现象大量存在。近年来许多学者提出政治参与不足甚至政治冷漠的问题。美国著名政治学家罗伯特·帕特南在《独自打保龄：美国社会资本的衰落与复兴》中明确提出，美国社会资本正在流逝，

———————————

① 这五种参与形式对应于托马斯有效决策模型中的自主式管理决策、改良的自主管理决策、分散式的公众协商、整体式的公众协商、公共决策。它们在内涵上意义也是一致的。

社区生活走向衰落，公民参与热情度降低、投票率下降……他通过深入美国社区生活发现了这一问题并对其原因做出解释。美国学者卡尔·博格斯也指出，20 世纪 90 年代美国社会存在普遍的政治冷漠和公共领域的衰落，日益缺乏公民参与精神，其原因是自由市场意识形态和公司权力的影响削弱了公民责任、民主参与（Carl Boggs，2000）。法国学者居伊·埃尔梅在《老牌的民主国家：对民主的冷漠》中也指出，西方主要民主国家的公民正在与政治活动脱离，积极参与的公民精神或民主修养正在逐渐丧失（中国社会科学杂志社，2000）。

社会参与程度相关理论——参与阶梯理论。社会参与和自主治理的发展是一个渐进的过程，社会参与形式和途径的发展与创新也是一个渐进的过程，按照一定的层级或者阶梯逐步上升。对社会参与这样一个不断深入过程规律的揭示，就是社会参与的阶梯理论。

Sherry Arnstein 的参与阶梯理论（1969）。雪莉·阿恩斯坦（Sherry Arnstein）在进行长期实地考察、研究多国社会参与演进状况之后发现，社会参与发展存在着一些明显的前后相继的阶段，他将之称为"公民参与阶梯论"（Ladder of Citizen Participation）（Arnstein, S., 1969）。1969 年，雪莉·阿恩斯坦在美国规划师协会杂志上发表了著名的论文《市民参与的阶梯》（A Ladder of Citizen Participation），对社会参与的方法和技术产生了巨大影响，为社会参与成为可操作的技术奠定了基础，至今仍广为世界各地的公众参与研究者和实践者所采用。

根据社会参与过程中主导或发动社会参与的力量来源、公民对政务信息知晓与把握程度、主要的参与手段、自治管理程度等评价因素，阿恩斯坦提出了一种从高到低、由不成熟到成熟、分 3 个参与阶段和 8 种参与层次的参与阶梯，见表 2-7。

表 2-7　公众参与的阶梯（1969）

层次	参与类型	含义	参与程度
1	操纵（Manipulation）	治疗和操纵都是旨在"治愈"或"教育"公民，往往通过运用公共关系的技术，达到使公民放弃实际权力的目的	假参与
2	训导（或译为治疗）（Therapy）		

（续）

层次	参与类型	含义	参与程度
3	通知/告知 (Informing)	可能是恰当参与的第一步——但往往只是一个单向过程，没有真正地反馈给那些掌握权力的人	表面参与 （象征性参与）
4	咨询 (Consultation)	是发现人们的需要和表达其关切的重要尝试，但往往只是一个假装倾听的仪式	
5	安抚/展示 (Placation)	给予公民提出建议的机会但没有实际权力	高层次表面参与
6	伙伴关系/合作 (Partnership)	通过协商和责任的联合承担重新分配权力	深度参与
7	授权 (Delegated Power)	赋予公民决策和问责的权力和权威	
8	公众控制 (Citizen Control)	赋予公民完全的决定和控制执行资金的责任	

这一分析是阿恩斯坦女士在卫生服务行政管理背景中论述的。正如阿恩斯坦女士自己坦承的，这一分析过于简化，并且这是她40多年前用以回应美国政府的发展方案，这一方案是在仍然普遍的种族分离和民权运动的背景下制定的（安德鲁·弗洛伊·阿克兰，2009）。

但是，这一分析的广泛应用对今天仍有影响，该分析至少有三点对于今天仍有重要价值。第一，社会参与强度是一个由浅渐深的梯度，判定这一梯度的方法之一是通过流于其上的权力分配和随之而产生的影响。尽管有时掌权者会组织公众参与活动，但实际上并没有打算接受他们的建议或与他人分享权力。这一点至今仍然有效。第二，与40多年前相比，公众的参与意识和参与能力日渐增强。第三，随着理论和实践的进展，如今我们可以使用综合性的方法使参与阶梯理论更加适应当今的环境。于是，就产生了2009年版本的《公民参与的阶梯》。

Sherry Arnstein的参与阶梯理论（2009）。2009版的参与阶梯（表2-8）与1969年的相比有很大不同，其主要内容参见表2-8。

表 2-8　公众参与的阶梯（2009）

层次	类型	含义	三个视角的解释
1	研究/数据收集	公众参与的最常用方法，但就他们是否应被算作公众参与仍有争论	发起者：收集有关态度、观点、偏好的信息以助形成政策或建议；公众：促成一个公众观点的集体描述；最低限度的个人参与或好处；第三方：促使政策或建议建立在了解公正观点的基础之上
2	信息供给	仅仅提供信息就可以构成公众参与的说法是有争议的。参与开始于信息发布，但如果没有后续的积极行动则会立即终结	发起者：增进公众对政策或建议的认识；公众：了解政策或建议以备条件时发挥影响；第三方：提高公众对可能影响他们利益的政策或建议的意识和理解，授权他们进一步参与
3	咨询	向公众收集针对某些具体问题的反馈信息或对某些政策建议而做的努力。如果过程涉及公众用自己的话回答，则可视为"咨询"，否则是"研究"	发起者：在具体政策或建议上获得反馈；公众：提供反馈以期影响政策或建议；第三方：通过那些可能受影响的人的审查完善政策或建议
4	参与	在形成政策、建议或者决策制定过程中的积极参与。并且，这一过程是透明的	发起者：使公众积极参与，以提高参与质量和尽可能地扩大决策所有权；公众：积极相助并尽可能地对于他们未得分享的决策施加影响；第三方：提高决策的质量、包容性和可持续性
5	合作/协议	以积极参与为重点，但公众不再是参与经由发起者设计和提供的过程，而是与发起者建立了积极的伙伴关系	发起者：使与那些最有条件使用它的人共享资源和共同决策；公众：获得资源和权威而无须接受完全的责任；第三方：使实现为整体利益的创造性协同
6	委派/指定权威	超越协作或伙伴关系，权力决定性地转移到公众手中，公众做决定并承担其后果	发起者：能使公众履行责任，他们最有条件接受公众转移给他们的资源和决策；公众：承担责任和执掌权威；第三方：鼓励将权威下放给那些最有条件并负责地使用它的人

资料来源：安德鲁·弗洛伊·阿克兰：《设计有效的公众参与》，苏楠译，载蔡定剑：《公众参与：欧洲的制度和经验》，北京：法律出版社 2009 年版，第 299 页。

2009 年和 1969 年的阶梯的区别体现在：第一，去除了非参与阶段的"治疗"和"操纵"。原因在于，"治疗"和"操纵"不涉及任何形式的参与，对于参与者没有任何益处，而且，公众和参与的从业人员现在都能清楚地认识到实质性的参与和这些"非参与"形式之间的区别。这样也缩短了梯子的距离，使处于最低端和最顶端有更多的连续性。第二，每一阶梯都通过三个视角来观察：发起者，即鼓动公众参与的组织或政府部门；参与者；第三方，即中立者，以捕获不同阶梯的各自意图和其对整体的影响。第三，这一参与阶梯鼓励真正有效的参与，以确保好处能向参与者、整个团体以及发起方累积。第四，这一阶梯能够吸引实践者的是，最底层的梯级是研究和数据的收集，而不是提供信息。综上，2009 年的参与阶梯理论从三个不同视角解释了如何设计和管理参与的过程，使参与理论简单化、操作化。

从发起者、公众和第三方三个视角探讨公众参与阶梯有其重要价值。第一，就发起者看，发起者组织公众参与最常见的原因是了解公众对一个想法或一个建议的看法，这也是为什么如此多的所谓的公众参与实际上就是研究和收集数据。当发起者意识到公众能够提供他们所缺乏的地方性或专业知识时，或者当他们的决策的实施需要公众支持时，一般会寻求更积极的公众参与。这是达到参与的第二个门槛所在。然而，什么是真正的公众参与？它必须是对公众本身有所要求，而这要求不能仅限于回应了一份通过邮递或街上夹在纸板里公布的调查问卷。所谓的"更多"不必要非常广泛：比如要求市民回应介绍，或在被问到问题之前阅读有关简要解释，关键是需要人们在形成观点之前参与相关的问题中。这就是为什么提供信息在某种程度上意味着参与阶梯的开端（安德鲁·弗洛伊·阿克兰，2009）。第二，站在公众的角度看，公众参与意味着个人与发起者之间存在某种互惠和某种真实的联系。只有在人们认为发起者将聆听其言的情况下，才会认为参与是有价值的并乐于参与。第三，采用第三方的视角可以帮助我们对阶梯上的每一个阶段进行独立的价值评估。这样评估的唯一标准是，此类的公众参与是否在总体上有利于社群或国家。不管是 1969 年还是 2009 年的参与阶梯，阿恩斯坦女士都认为，公众参与应更好地反映个体公民的需要和利益，权力应该从有权人手中转让到无权人手中。

Jacques Chevallier 的参与阶梯理论。20 世纪 60 年代，英美组织社会学理论根据阿恩斯坦的"参与阶梯理论"，将社会参与划分为 4 个层次："知情"（Information）、"咨询"（Consultation）、"协商"（Concertation）

和"共同决定"（Co-decision）。著名学者雅克·谢瓦利埃（Jacques Chev-allier）教授把法国的社会参与按照参与程度的不同分为三个阶段：知情、咨询和协商参与（或共同决定）。

安德鲁·亚克兰的参与阶梯理论。英国对话设计公司总裁安德鲁·亚克兰先生在研究阿恩斯坦的理论基础上，提出了更易于操作实践的参与层次理论（蔡定剑，2009）。图 2 - 1 是一个参与的阶梯。在这个阶梯里，第一层阶梯是信息交流，第二层阶梯是咨询，第三层阶梯是参与，第四层阶梯是合作，第五层阶梯是决策的转移，也是公众被授权决策。

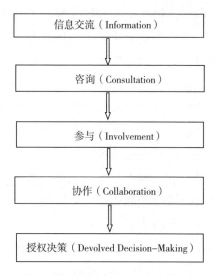

图 2 - 1　安德鲁·亚克兰的参与阶梯图

信息交流包括信息提供和信息收集，它作为社会参与和咨询的一部分存在，其本身并不构成参与。信息交流的方法包括：信息包、小册子、传单、情况说明书、网站、展览、电视和广播、调研、问卷调查、焦点小组等。

咨询是一种收集特殊政策和建议的反馈。咨询的方法包括：研究、问卷、民意调查、公共会议、焦点小组、居民评审团等。

参与指公众参加决定的权利，各阶层民众参与决策或行政程序中来，保障他们的利益被了解和考虑，使公众对决策结果产生一定影响。参与的形式有：互动工作小组、利益相关人的对话、论坛和辩论等。

协作是让公众积极参加、同意分享资料并作出决定。协作参与的方法有：顾问小组（Advisory Panels）、地方战略伙伴和地方管理组织等。

决策授权是参与的最高阶段，决策者与参与者交换各自资源和意见，使原本的参与变成了由决策者与参与者共同作出决策。其参与方法是地方社团组织、地区座谈小组和社区合作伙伴。

孙柏瑛指出，理性地选择公民参与形式，促进公民参与有序发展，是当代地方治理倡导的渐进式公共参与的基本策略（孙柏瑛，2004）。她进一步指出了实施这一策略的原因：第一，受一国政治文化传统和国家与社会关系模式的影响，各地公民社会的发展水平极不平衡，公民性存在着较大差异。不同的背景和环境客观上决定了公民参与形式的层次及其涉及的范围、深度有明显不同。第二，公共参与形式的推进是在公民不断争取政治参与权力、不断学习参与技术、逐渐明确参与权利、提高政治参与能力的过程中逐步得以实现的。第三，基于对公民参与公共事务性质的理性分析，政府和公民组织都在寻求公民参与程度的相对客观标准，用以指导不同层次、不同程度的公民参与形式选择。

实际上，托马斯提出的五种参与途径也是一种参与阶梯：自主式管理决策→改良的自主管理决策→分散式的公众协商→整体式的公众协商→公共决策，它体现了参与程度由无到有、由轻到重的梯度。

社会参与的限制性因素。社会参与程度的选择或者说社会参与的限度还与社会参与的影响因素，更具体地说，与社会参与的限制性因素相关。中国台湾学者陈金贵从参与主体、参与制度和参与实务三个方面总结了社会参与的限制性因素：第一，在参与主体方面：必须使得公民具备参与的意愿与能力，每个人有平等接近公共决策的机会，并能够预期参与行动的影响力；第二，在参与制度方面：必须具备有效的决策过程、公平的执行程序、完整的民众参与制度，以及具有高法律位阶的法定依据；第三，在参与实务方面：公民参与必须具备有效的信息传递渠道、有意义的政策效应、经过成本效益的评估、弹性化的参与方式、政府回应民意的接受程度等（陈金贵，1992）。

赵成根在《民主与公共决策研究》中从社会参与的动力机制和行为取向角度论证了社会参与的限制性因素。从成本收益分析的角度看，只有当参与的收益大于或至少等于其成本、自己的利益不受损害时，公民才有参与的可能性。因此，社会参与的限制性因素与社会主体的利益得失相关。社会主体是否会自主地参与和会采取怎样的方式参与，受以下因素影响：社会参与中的"搭便车"行为及政治判断力下降会导致社会参与的冷漠；决策议题与社会主体利益的关联度决定了社会参与的积极性；政府与公民之间的力量对比决定了其博弈结果，从而决定了公民在决策过程中的政治影响力，一般来说，这种影响力是微弱的，社会参与主体的参与态度也因此是消极的。因此，公共决策中的社会参与实施起来是困难的。

社会参与的限制性因素在更深层次的意义上被延伸至对社会参与的价值的思考。有些学者和实践工作者对社会参与的价值提出异议。如 Kweit 等提出了社会参与在实践中容易产生的若干问题。第一，增加政治系统内的冲突，包括职业政治家、行政官僚与公民之间的冲突，以及公民之间的利益冲突。第二，政府决策的问题：公民参与的增加意味着需求的增加，使得共识的建立愈加困难，并且花费更多的时间去倾听、沟通，这些都会造成决策上的困难。第三，减少社会公平性：参与需要若干资源，某些具有优越资源的公民或团体以其优势能产生更多的影响力，而非反映全体公民的需求（Kweit，Mary Grisez and Rodert W. Kweit，1981）。

哈特也对社会参与的必要性提出了质疑。第一，参与到底是为了公共利益还是公民个人的意见？第二，有些需要专业技术知识的事务，无法透过公民参与来决定；第三，不参与的问题：有许多人不愿参与政治或从事任何公共事务，其理由有懒惰、个人隐私的需要，不同意参与式民主等；第四，参与需要时间，因此无法应付立即的危机；第五，为了要使全面参与的社会运作，需要更多的公民共识，但是，如此却容易形成一种专制（托克维尔曾担心的"多数人的暴政"）（David K. Hart，1983）。

托马斯对此也有同样基调的论述：那些自发的、无意识的、不加限制的、没有充分考虑相关规则的公民参与运动，对于政治和行政体系可能带来功能性失调的危险。而且，一些相关调查数据显示，公民参与带来的最根本的问题是，它可能对社会控制产生一定的威胁（约翰·克莱顿·托马斯，2004）。此外，许多地方官员也认为，公民参与将使他们必须投入相当多的时间和精力，从而影响到日常事务的进行（全钟燮，1994）。

2.1.2.5 社会参与的设计。有效公众参与的原则

到底什么样的参与才是一个有效的公众参与？蔡定剑指出，有效的参与意味着能保证公众从决策体系或决定过程中尽可能早地注意到那些影响到他们事务的建议，公众清楚地了解通过参与使自己可以对决策作出贡献的那些事实情况，哪些是可以改变的和不可以改变的，公众有机会和途径参与并使他们的意见被决策者知晓，公众可以得到清晰的关于决策如何作出、为什么会这样作出的解释。有效的公众参与并不意味着公众的意见必须被采纳，但是他们应该知道公众意见不被采纳的公开合理的解释（蔡定剑，2004）。

因此，一个有效的公众参与，在程序上须满足公众的以下基本要求：

（1）可以获得相关信息；

（2）可以提出自己的意见及表达想法，并相信有关程序会考虑其所提出的意见；

（3）可以积极参与并提出意见与选择方案；可以评论部分正式方案；

（4）能得到政府的反馈，并被通知进程及结果。

有效公众参与的一个关键问题是寻找利害相关人（Stakeholders）。利害相关人参与决策是决策合法和公正的必要程序。如何寻找利害相关人是社会参与的必要条件，也是社会参与的重要方法。有效的参与应该是一种有组织的参与，非政府组织和利益团体在公众参与中的作用就十分重要。社区委员会、自发性社团、利益集团和环保组织就是参与的基础性组织。合作伙伴（Partnership）是有效公众参与的重要形式。邻里合作伙伴、地区战略合作伙伴、社区共同体等能够把不同的利益通过一个平台得以反映。

设计公众参与。安德鲁·弗洛伊·阿克兰在阿恩斯坦公民参与阶梯理论的基础上提出了设计公众参与的方法。要设计公众参与，首先需要确定的是参与类型。以下问题可能有助于理清在某一确定的场景下的真实的参与目的（安德鲁·弗洛伊·阿克兰，2009）。

确定参与类型：

● 是否是为了在数目有限的几种选项中，找出有多少人赞成其中的哪些选项？

- 是否只是为了提供信息？
- 是否是为了通过从人们那里收集意见来完善一项政策、一个提议或一个决策？
- 目的是否更为复杂？人们是否应该更深地参与制定决策或寻找解决途径的过程中？
- 是否应该建立一种超越此刻参与的人际关系，以便建立一种可以共享决策和资源的工作伙伴关系。
- 是否是为了把权力转移给他人，并帮助他们作出决策？

使用设计桥。"设计桥"能理清公众参与详细规划的过程。图 2-2 解释了设计桥及其使用方法。

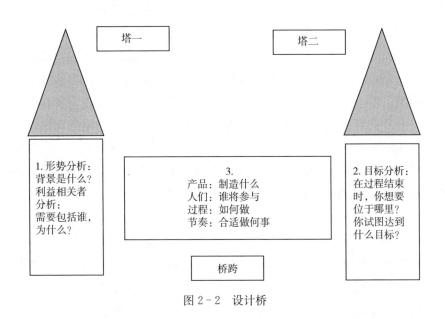

图 2-2 设计桥

塔一：理解背景和确定利益相关者。以下问题对这一过程有所助益：第一，需要参与的事件的背景是什么？对于正在发生的事情有一个大体感知是有益的：政治的、经济的，甚或个性的。第二，该情形的历史背景是什么？第三，对谁而言重要的是什么？第四，关于形势已经公开了什么？这部分主要用来确定公众参与开始时都有哪些限制。第五，将要围绕哪些具体的问题开展参与？参与事件的性质可以深刻影响公众参与的过程。第六，人们认为或假定了什么问题？要了解当地谣传事件，因为误解或歪曲会使一个过程的发展超出常规。在问这些问题时，最好能记下一些人的名字，这些人将可能成为参与者或成为信息和想法的源泉。做这些前期形势和利益相关者分析是有益的，到底是利益相关者界定问题，还是问题界定利益相关者？这个难题出现在几乎所有需要公众参与的情况下。

塔二：在设计任何公众参与过程时要问的最重要问题是：总体来说，在该过程结束时，我们要达成什么现在还没有达成的目标？所以，建立一个所需达成的目标的清单是有益的。当对情形和需要实现什么有了清楚的了解，便可以为谁需要参与和采用什么方法参与制定详细的规划。

桥跨：过程设计的心脏。产品、人们、过程和节奏这四个关键变量通常会影响公众参与过程的设计。这四个变量都需要分开来考虑，也需要相互联系起来考虑。

"产品"是指参与过程的产出，如：文件、行动计划、新的政策；新的关系，增进的信任，对某事更多的了解；更好的沟通；详细和经仔细考虑的意见，专业知识；为大量的反馈所建立的数据库；利益相关者渴求更多的参与和持续的对话。要仔细考虑什么是过程所需要的结果和怎样使用这些结果。

"人们"：塔桥一中最初的利益相关者分析已经界定了谁可能成为潜在的参与者，现在的问题是，需要谁和谁有助于这一过程。

"过程"：设计的挑战在于决定什么方法或方法的结合，将使参与的人们在一定的时间和可得的预算范围内产生所需要的产品。关于方法的确定，必须要与构成设计桥跨的所有其他因素并行考虑。有一些因素必须牢记：什么方法可能会排除一些人？什么方法会帮助建立关系？什么方法会帮助交流或生成信息？什么方法会发现总体的态度和观点？什么方法会产生详细的意见和专业知识？

"节奏"：可用的时间是设计任何参与过程的另一个决定性因素。

一个月：时间非常有限：可够发送一些传单，有可能在做一个迅速调查或开一次公开会议——如果并不需要大量的准备工作。

两个月：可组织一次公开会议。

三个月：设计和向他人寻求建议所需的最低限度的时间跨度，一个系统的公众参与过程包括召开会议和其他的方式。

四个月：规划并进行正式咨询过程所需的最低限度时间跨度。

五个月：一个真正的公众参与，从过程设计到合作分析和结果考量的所有阶段所需要的最短时间。

六个月以上：足够的时间设计和执行一个围绕复杂问题开展的参与，人们可以开展调研进而恰当地理解问题，并完全地参与过程中，或者逐步建立坚实的伙伴关系或者合作。

规划公众参与过程。规划一个公众参与，最简单的方法是找到一面很大的墙，在上面贴上一张白纸，在左下角写上设计桥的桥跨内容作为标题，并在这一结构旁构造一个网络，具体见表 2 - 9。

表 2 - 9　规划公众参与

产品：你将制造什么有形产品					
人们：具体的参与人					
过程：你如何做——你将采用什么方法					
节奏：一切都将在何时发生	一月	二月	三月	四月	五月

网格和沿着底部的时间标注有助于明确在过程中，每个元素之间的相互关系和与项目时间表的关系。如果项目的不同元素被写在纸片上，可以围绕网格移动它们直到其相互关系合理。

例如，如果说总的目标是要通过得到公众对政策草案的反馈来完善一项政策，那么"改善的政策"可以写在一张纸上，参照时间列于"产品"行中。它可能列在最后一行中——但在改善的政策之后可能还会有其他内容：也许是一个在与此（政策）相关的参与结束后持续的网络关系的继续存在。如果是这样，那么它在产品行中将会出现在"改善的政策"之后。

与此同时，"公众反馈"是另一项产品。显然，它先于"改善的政策"，但是，为了得到"公众反馈"，之前还需要哪些产品？也许需要能够引出该反馈的调查问卷。在印刷前，获得对问卷草稿某种形式的评论会不会有用？在这种情况下，"调查问卷草稿"和"对草稿的意见"是"产品"行中另外两个产品。由谁来完成问卷？也许是一群当地百姓？在这种情况下，他们在"人们"行中位于"公众反馈"之前。

一旦"产品"和"人们"行越来越清楚,就可以考虑"过程"一行了。什么方法可以确保对的"人们"创造所需的"产品"。调查问卷可以满足所有需要吗?

这一过程可以继续——确定所要实现的不同元素,需要谁参与和中间步骤——直到清楚地知道整个过程将要发生什么,以及所有与项目节奏——重要的时间表相关的事项。同时,要在时间表中列明一些无法控制的事情,如暑假、选举、可能影响项目的特别会议。

也可增加"价格"行——如果预算对于做这个项目至关重要。

这个简单的"网格规划"体现出,"设计桥梁"过程的价值在于,不得不对公众参与真正所包含的内容进行系统性的思考。

2.2 乡村治理研究综述

近些年来,伴随乡村治理实践创新的不断推进,有关基层治理的理论文献不断丰富发展。就研究脉络看,政治学、社会学和政治社会学的研究焦点和热点与乡村治理的实践演变大致保持一致,20 世纪 80 年代到 90 年代中期的研究主要以政治学研究文献为主,重点关注村民自治对基层民主生长的意义;20 世纪 90 年代中后期到 21 世纪初的研究则更多运用治理框架分析乡村治理特征;2006 年税费改革以来,更多文献开始讨论新型国家、集体、农民关系下村庄治理的嬗变及出路;近些年政策研究领域也开始关注乡村治理新探索及其政策意义(张天佐等,2018)。公共经济学视角下的乡村治理研究主要讨论绩效问题,即民主选举、健康等公共服务覆盖对村庄收入差距(Oi Jean,1996)、农业产出等的影响。

就研究内容看,讨论的核心逻辑大体围绕四个问题展开:①村民自治对传统宗族为基础的乡村治理的替代(徐勇,1997、2005;孙秀林,2011);②村民自治在基层民主发展中扮演的角色和地位,进而对宏观民主实践构成的启发(邹树彬,1999;徐勇等,2014);③基层民主实践中村民自治表现不佳在传统和现实因素交织、地方不良风气或政治体制等方面的原因(彭涛、魏建,2010;徐勇,2015);④村庄民主政治中的"能人依赖""能人治村"等对基层民主成长的影响(全志辉,

2002；贺雪峰，2017）。

就研究方法看，国家分析路径援引理性的官僚制理论资源，或以民主理论为根基，在田野调查基础上讨论基层民主的实践价值。治理分析框架更多是以问题为导向，研究国家、集体和农民或国家、社会和个体框架下，治理主体间的利益冲突和协调（程为敏，2005；黄宗智，2006），如何在村庄场域中演化出各种治理悖论和困境（蔺雪春，2006；郁建兴、黄红华，2009）。国家—社会治理分析框架中，主要讨论不同行动主体、社会组织应扮演的角色及治理优化路径（唐清利，2010；赵光勇，2014）。

就研究前沿看，新时期乡村治理研究开始关注村民自治实现形式创新，如村民监督委员会等对改善乡村治理的意义（卢福营、江玲雅，2010）。乡村治理的具体事务，如农村公共产品和公共服务的供给及其均等化等问题（李文钊等，2008）开始受到已有研究者的重视和讨论。随着中央层面对村民自治有效实现形式的关注，各地开始出现了一些新探索、新实践，同时也涌现出了一批"三治"结合的研究文献，主要从实践展现和学理分析两个层面展开剖析，重点关注"三治"结合的背景、做法、经验、困境、改进路径，以及在此基础上的概念界定、三治关系、治理内容、三治组合模式创新等（高其才，2017；白杰锋等，2018；邓超，2018；邓大才，2018；郁建兴等，2018）。

2.3　参与视角的乡村治理研究

从社会参与视角探究乡村治理机制创新，一直是政治学、管理学等领域的研究内容之一。近几年来，随着乡村振兴战略和有效治理新要求的提出，有关乡村治理的研究逐渐增多，但参与角度的乡村治理体制机制探讨和实现路径分析的数量增加速度却低于乡村治理研究总量的增速。在中国知网上，截至 2020 年 11 月 2 日，以"乡村治理"为主题进行搜索，有13 318 条相关记录；以"乡村治理＋参与"为主题进行搜索，有 2 040 条相关记录，参与角度的研究数量占比为 15.3%。若以 2018 年 1 月 1 日至2020 年 11 月 2 日为时间限定，以"乡村治理"为主题的搜索结果有 6 836条，以"乡村治理＋参与"为主题的搜索结果有 974 条，参与角度的研究数量占比为 14.2%。总体看,参与角度的乡村治理探讨主要在五个维度上开展。

2.3.1 参与主体维度的研究

在多元共治的治理结构下,乡村治理的主体拓展至包括乡镇政府、村民委员会、农村社会组织、新型农业经营主体在内的政府、农民、市场、社会等四维治理主体(李长健、李曦,2019)。已有文献主要研究了乡镇政府、村党组织、村民自治组织、乡镇人大代表、村干部、宗族组织、社会组织、村民、新型农业经营主体、农村"法律明白人"、新乡贤等的参与行为、参与限制、参与效果与参与展望。其中,关于农村基层党组织和村民自治组织的研究,其研究持续的时间相对较长、研究的数量相对丰富、研究的质量也更高。响应中央决策和发展要求,近年来的研究更多聚焦于强化基层党组织,如从农村基层党组织吸纳与培育精英参与等角度,研究如何建强配优农村治理力量(梁雪,2020)。也有的研究基于"能人治村"带来的权力过度集中、人治色彩浓烈、能人素质有待提升等的局限,呼吁强化乡村治理中的多元参与,优化治理结构,规范治村行为(邵一琼,2020)。

2.3.1.1 新乡贤在乡村治理中的作用及优化路径研究

关于新乡贤的研究最为丰富,上述 2 040 条搜索结果中的 530 条是关于新乡贤的,占比 26.0%,其中,434 条文献是 2018 年 1 月 1 日之后发表的。也就是说,对新乡贤的研究大多是跟随着乡村振兴战略的提出而开展的。一是关于返乡精英等新乡贤在乡村治理乃至乡村振兴中的功能作用评价。个体理性、市场理性、乡村弱社会、政府支农项目资源输入和各级政府的政策激励成为形塑返乡精英参与乡村治理的驱动力,形成了各有侧重和特点的新乡贤参与模式,也因此带来乡村治理的双重效应:一方面,因返乡精英突出的个人才能使其成为"乡贤",在推动主体协同共治、资源整合、道德示范、改变甚至重建乡村经济和社会治理结构等方面发挥了重要作用(孙邦金、边春慧,2019;刘帅,2019;朱冬亮、洪利华,2020;李少惠、赵军义,2020);另一方面,返乡精英"寡头化"也可能导致乡村资源分配不合理,加剧"精英俘获"现象(朱冬亮、洪利华,

2020)。

二是关于新乡贤的特征。除具备与传统乡贤类似的道德、知识、政治和经济等多重身份标准外，新乡贤还拥有以下一些新特点：职业构成多元化、空间分布离地化、阶层结构趋向平民化、价值观念现代化等（孙邦金、边春慧，2019）。

三是关于新乡贤参与乡村治理的困境。在新乡贤参与乡村治理的实践过程中，浪漫化与污名化倾向并存，新乡贤身份的合法性、乡贤所拥有的资本标签异化、参与乡村治理的灰色化等问题（孙邦金、边春慧，2019）。也有学者从乡贤会内部管理、精英人才外流、乡贤自身以及基层政府支持力度四个方面，指明了新乡贤参与乡村治理的困境与挑战（丁煜骄、沈国琪，2020）。还有学者认为，新乡贤参与乡村治理陷入了主体缺位、制度性保障缺失、乡村基础设施不到位等困境（李雪金、贺青梅，2020）。

四是关于新乡贤参与乡村治理并发挥作用的内在机理和根本途径。建议建立行之有效的利益联结机制，提升村民的组织化程度，以文化共治实现文化相连，以利益共建促成利益相关，以组织共管推进组织有效，进而激活村民群体间的公共精神（彭晓旭，2020）。

五是关于新乡贤参与乡村治理的未来优化路径。第一种建议是通过培育和发展乡贤文化、建设制度环境、营造良好社会氛围等措施完善新乡贤参与乡村治理的环境（李雪金、贺青梅，2020）。第二种建议是从选人、留人、用人、管人四个方面（丁煜骄、沈国琪，2020），规范新乡贤参与治理的机制和行为。第三种是基于新乡贤与网格化治理在推行过程中都遭遇困境的现实，建议将两者进行有机整合、形成互补之势，以推进和完善乡村治理体系、提升乡村治理能力，为乡村振兴战略实施打下坚实的基础（曹丽、刘敏，2020）。

2.3.1.2　其他参与主体在乡村治理中的作用及优化路径研究

一是农民的参与意愿、参与能力、参与逻辑与行为选择。随着市场的自由进入、农民的自由流动，村民作为一个最庞大而又最基础的社会群体，其参与乡村治理的手段日趋多元化，其权利意识、规则意识、民主意识都得到了一定程度的增强，村民参与乡村治理的综合能力与素质都有了提升（付秋梅、白雪源，2020），村民政治参与的行为选择更具理性，与个人利益相关联，也受家族关系、社会资本、参与动机和反馈效能的影响（王春伟、管蕊蕊，2018）。

二是外生型社会组织参与乡村治理的实践路径、面临困境与出路。有些学者基于特定实践（如"积谷会"）总结了社会组织参与乡村治理的路径，认为外生型社会组织由于组织悬浮、功能错位和考核错位（郭金秀、龙文军，2020），以及自身建设能力不足、发展落后、与外部协同机制不完善等（黄丹，2020），面临无法真正融入乡村治理体系的困境。通过组织嵌入和功能重构，借鉴群众工作方法，以专业化社会服务和村民自治组织培育为主要服务内容，推动外生型社会组织在乡村治理中发挥更大作用（钱坤，2020）。

三是新型农业经营主体参与乡村治理的优越性及模式选择。农民合作经济组织能够发挥多元主体总代理的职能，通过较强的带动作用有效弥补乡村系统内部的治理困境，并建议乡村系统内部建立农民专业合作社"有效主导型"的治理模式（马晶晶、胡江峰，2020；熊懿，2020）；兼顾其政治功能，赋予新型农业经营主体以体制性地位，同步构建参与乡村治理的激励机制和约束机制，引导新型农业经营主体有效参与乡村治理（黄增付，2020）。

四是宗族组织的参与。宗族组织能够填补基层自治的"管理真空"，增强宗族认同与情感归属，弘扬传统文化，实现道德教化，乡贤的回归也为乡村治理提供了智力与资金支持。宗族组织在参与乡村治理时也面临着对宗族传统认识片面、参与治理的渠道与机制缺乏、政策支持力度不足等方面的限制。在新阶段的乡村治理中，需要构建宗族组织参与乡村治理的渠道和有效机制，为其提供政策、环境等方面的支持，促进宗族组织参与乡村治理能力的发挥和提升，进而实现乡村治理科学有效的目标（夏苗苗，2019）。

五是村干部的治理角色及村庄治理型态。在公众参与和村庄资源禀赋两种变量的共同作用下，村干部角色在国家"代理人"与村庄"当家人"的制度角色定位中出现了变异或偏移，呈现出"撞钟型""横暴型""分利型""协调型"干部四种行为类型，村庄治理也由此呈现"沉默秩序""普力夺秩序""谋利秩序"和"多元治理秩序"四种治理型态。新时代的乡村治理重心下移，对村干部角色具有纠偏和规制效应，促使村干部角色回归其应然位置，促进乡村多元有序治理和良善秩序的生成（肖龙，2020）。

六是乡镇大代表层面，针对基层人大代表在乡村治理中发挥作用不够的现实，建议对农民代表的地位和作用进行大力宣传，提高农民人大代表的影响力和社会对农民人大代表的认可度，从而激发农民代表履职主动性，为乡村振兴战略深入实施积极建言献策（付秋梅、王添，2020）。

此外，随着农业农村的发展和农村改革的深化，乡村治理中的新型参与力量不断出现，如有学者研究了农村"法律明白人"在参与乡村治理中的做法、成效、短板、建议等（徐建云等，2020）。

2.3.1.3 参与主体的角色定位及其之间的关系处理

一是不同参与主体在乡村治理体系中的角色定位及影响。有的研究探讨了乡镇政府、村委会、村民在乡村建设中的不同作用（陈曦，2020）。有的研究认为，社会工作者对于发挥农民主体作用、推动乡风文明具有不可忽视的作用；社会公益志愿服务组织具有公益性、志愿性和服务性，能够在教育、医疗、就业、环境保护等新农村建设与治理中发挥重要作用（卞国凤，2020）。

二是参与组织的分类及其关系处理。从组织角度看，乡村社会治理以乡镇政府组织、村党组织、村民委员会、民间自治组织、民营组织等多样化的"组织网络"为依托，提供乡村社区服务，促进村庄经济发展，回应乡村社会的各种问题，是一个提升农民福祉与公共利益的"动态过程"。伴随着农业农村改革的加快推进，各种乡村新兴组织不断涌现。具体来说，当前我国乡村组织至少包括以下四类：①党群组织，主要包括以村党支部为核心的党组织与共青团、妇联、民兵连等群团组织；②村民自治组织，主要包括村委会、村民小组、村民议事会、监事会等；③经济组织，主要包括村集体经济组织、农业专业合作社等从事农业生产经营方面的自愿联合、互助性组织；④社会组织，主要包括民办非企业组织以及可采取政府购买服务的公益类、服务类、救助类、维权类等功能性社会组织。但也仍存在乡村组织体系不完善、组织间关系未理顺、乡村组织对经济发展引领力不足等问题，建议不断加强乡村组织建设，巩固和完善以党组织为核心的乡村社会治理组织体系，形成以党组织为核心的政府负责、社会协同、公众参与、法制保障的现代乡村社会治理格局（张晓欢、田琳琳，2020）。

2.3.2 参与方式维度的研究

乡村治理中的参与方式研究，不管是在乡村振兴战略提出之前还是之后，基本都是随着实践创新的出现而展开的。进入新时代，随着有效治理体制机制创新和治理绩效提高等新要求的提出，因地制宜、各具特色的创新性参与方式不断涌现，相应的研究也更加鲜活。如积分制的创新及倡导与推广，唤起了群众参与乡村事务的热情，拓宽了参与范围和参与内容，改变了参与发展不积极、基层治理薄弱、乡村治理涣散的局面（李小云、丁继春、张闽剑，2020）。再如，"村民议事厅"作为一种参与方式的创新实践，满足了村民利益诉求的有效表达需求，当然未来也面临主体性、共识性、制度性三大瓶颈问题（陈泳诗、潘利红，2020）。

2.3.3 参与效果维度的研究

一是多元主体参与改变了乡村治理结构，形成了治理合力，带来了显著治理效果。如村干部、华侨精英及经济能人、村民及自治组织等的多元主体在村庄事务中的参与与协商，有效解决了村庄人口老龄化问题，完善了村庄基础设施，健全了村庄管理制度（郭艳楠，2019）。

二是多元共治的治理困境与机制化弥合。多元参与主体成为乡村治理格局的博弈主体，他们采取趋利避害的策略性选择，带来了多元共治的新治理危机，如乡镇政府在治理过程中选择"策略主义"的逻辑，乡村自治组织存在"权力上移、事务下移"的行政化倾向，新型农业经营主体参与治理的趋利性导向，乡村治理资源分配秩序的错位等，建议引入"软法"，整合现有治理资源，将自治法治德治紧密相结合，构建乡村"三治合一"的新型治理格局（袁忠、刘雯雯，2019）。

三是有效参与的实现途径。相关研究一致肯定社会参与对于乡村治理和乡村建设的正面意义，并建议多途径提高参与水平。有的研究认为，在乡村建设中，可以从公众的参与权利、参与渠道和参与能力三方面着手完善相关规章制度，提高参与水平（陈斯诗，2019）。

2.3.4　多元参与与有效治理之间的内在逻辑探讨

一是以基层协商民主模式创新为切入点，基于地方实践如"村湾夜话"等探讨推动广泛参与乡村善治的意义及其运行机制和实现路径，认为非正式的协商形式构建起基层干群联系的纽带，这种嵌入性的政治制度因素孕育和形成了新的治理机制（袁方成、刘桓宁，2020）。二是基于结构功能主义视角，剖析农村社会组织参与乡村治理机制，论证其是实现治理有效和乡村振兴的客观需要和建设性力量之一（冯嘉雯，2020）。三是基于社会网络嵌入视角，探讨近代东北商人参与乡村社会治理的实现路径（王大任，2020）。四是引入社会资本理论，从村域社会资本、组织社会资本和个体社会资本三个维度出发，分析乡村治理中多元参与的得失与优化路径（张军、席爽，2020；姚翼源、方建斌，2020）。五是基于协同治理理论认为，村民理事会的参与，改变了村庄治理的既有模式。村民委员会采取行政化的治理，村民理事会采取自治的方式，这就使得村委会的行政和自治功能既得到了分离，也能协同推进：基层组织与社会组织的主体协同，行政与自治的方式协同，通过行政与自治的有效分流、自治与行政的相互支撑、行政与自治的统筹治理，形成了一种"协同治理"的有效模式，有效推动了村民自治和行政治理的有机融合，充分发挥了村民自治的独立性和灵活性，实现了村庄治理成本的降低、人际关系的调适和治理空间的拓展（马洁华，2020）。

2.4　文献述评

2.4.1　社会参与研究简评

第一，纵观国内外学术界对社会参与（公民参与、公众参与、公共参与）的研究，一个明显的特点是，理论研究重于实践研究，文献研究重于实证研究，价值研究重于风险研究。在理论研究方面，研究的侧重点集中在参与理论发展脉络、参与的概念界定、参与的原因、参与的价值、参与形式等层面；并且，纯理论研究较多，而理论的应用研究较少。在参与实践方面，研究的侧重点在于地方治理、基层民主治理以及公共决策中的参与研究。在研究方法方面，描述性的文献研究较多，实证研究较少。

第二，实证研究缺乏的一个基本原因是，参与技术、参与工具和参与方法的缺乏。上文提到，诸种"参与阶梯理论"以及对参与阶梯理论的解读都试图为社会参与提供有效的工具和方法。托马斯的"公众参与的有效决策模型"为社会参与提供了"在何时以什么形式参与"的方法，而且该模型也已经通过 40 个案例的验证，修正后的托马斯模型更有说服力。但是，托马斯提出的参与技术和参与方法需要进一步的操作化，才能将之应用于实例，对之进行验证，并构建更加有效的模型，进而为公共管理者提供更加有用的治理工具，为公众利益的增进提供更多可能性。

第三，对社会参与程度的研究稍显薄弱。社会参与需要有"度"，社会参与程度的研究也因此是必要的。就公共决策而言，"提高决策的科学化和民主化"一直是研究的重点，但对于任何具体的决策项目，由于项目的专业性，普通公众在很大程度上不能有效并深入地参与进来。在专业性和技术性约束条件下，即使公众参与进来，即注重决策的民主化，决策的科学化有可能受损。也就是说，决策的民主化和科学化之间存在矛盾。如何平衡公共决策的科学化和民主化之间的关系，也涉及参与的"度"的问题。目前的社会参与程度研究基本定位于"什么是参与程度""参与程度与参与形式之间的关系"（如托马斯的有效决策模型）。但是，至于"如何衡量参与程度"，学界的探讨极少；托马斯的"决策要求—参与程度—参与形式"之间的关系还没有得到检验；至于在某个参与领域，参与的"度"如何把握，学界更没有做过具体探讨。综上三点，具体领域的参与程度的研究是需要补充的。

第四，对参与结果的评价和关注不够。在"谁参与""参与什么""如何参与"之后，若要检验参与是否真正如预期的作用一致，则需要评价参与结果。不仅如此，只有了解了参与的效果，知道了参与中的哪一环节出现了差错或问题，确定是否真的需要参与，才能进一步完善"有效参与模型或机制"。从公共决策角度看，"评估"也是其参与过程中重要的一环，不可或缺。因此，评价参与结果是目前一个值得研究的问题。

第五，自 20 世纪六七十年代以来，世界范围内的社会参与运动不断走强。社会参与的思想在当今几乎所有的治理和管理理论中都占有重要位置，但选择在什么时候、在多大频率上、以什么方式，以及在多大程度上接纳公众参与，是公共参与的难题（Puzzle of Public Involvement）。社会参与的难题包括：公共管理者需要决定在多大程度上与公众分享影响力；由公众中的谁去参与公共决策过程；选择特定的社会参与形式。这些参与难题在实践中表现为：①参与的不完善性，如参与者常常不具有代表性；②参与增加了公共管理者日常工作的难度，如摩擦成本增加，影响了公共管理的绩效；③参与造成了公共政策的扭曲，威胁了决策质量：由于公众常常不能理解政策质量标准中包含的知识和常识，他们可能会对专业领域或科学界认定的政策质量标准提出质疑；公众参与可能会导致公共项目运作成本的增加；社会参与会阻滞改革、创新；很多代表特定群体的公民在受邀参与公共决策后追逐特殊的利益，从而导致了更广泛的公共利益的缺失。

对于这些难题，传统的公共行政理论文献只有十分有限的解释力。在绝大多数相关论述中，研究公共参与的专家们要么鼓励公共管理者广泛接受社会参与，要么警告公共管理者注意参与过程中的危险和陷阱。但这两个方面都不能为现实的参与治理提供帮助，公共管理者和政策规划者对于在何时以什么方式参与公共治理依然迷茫。

如何解决这些难题以真正实现"有效参与"？这需要不断推进并创新参与的技术、工具和方法。以怎样的标准选择不同范围、不同深度的社会参与形式，成为当今公共管理者迫切需要深思和回应的核心问题。作为对这个问题的回应，托马斯提出了公众参与的有效决策模型。托马斯的公众参与有效决策模型的基本内容是：①将有关政策制定和执行的两个核心变量（政策质量和政策的公众可接受性）引入模型，为社会参与范围和程度选择提供了依据，即社会参与范围和程度选择取决于公共决策的需求状况或者两个维度的平衡。②针对公众对公共决策的可接受性方面，托马斯根据参与类型和深度将社会参与划分为不同类型，按照政策的可接受性目标及需求，公共管理者可以选择不同形式的社会参与途径，吸引公众以不同的方法介入公共决策制定和执行过程。③更进一步，托马斯教授提出了七个问题，以更明确地厘清社会参与的范围、程度和频率，并理性地思考一项政策过程中利益关系人的边界，寻求公共参与方式与政策要求和目标之间的相互适应性。④公共管理者可以根据社会参与的有效决策模型，根据公共决策的性质，由低到高地选择不同梯度的社会参与决策类型。社会参与的最终实现，需要依赖具体而设计精良的社会参与途径和手段。为此，托马斯将社会参与的具体途径分为四类。不仅如此，他还使用了近 40 个实证案例来说明、验证有效决策模型的效度。

可以说，托马斯超越了一般性阐述社会参与必然性和重要性的论述，进一步理性地分析社会参与的优点和内在缺陷，并论证社会参与有效性的评判标准，为公共管理者决定在不同的公共政策制定、执行中选择不同范围和不同程度的社会参与形式提供了实用和可操作的指南。公众参与的有效决策模型为公共管理者提供了一个将社会参与与公共管理相互平衡和结合的思考框架。在理论层面上，它试图说明社会参与方式应如何适合并契入管理理论；从参与者的角度看，它试图为公共管理者提供一些"如何做"的操作指南，即应该在什么时候以什么方式吸引和推进社会参与；从规范研究需要出发，它试图发现在公共事务管理和公共政策中提高公众参与能力的途径和措施。托马斯在解释有效决策模型的同时解释了"决策要求—参与程度—参与途径"之间的相互关系，使其模型更加丰满。

但是，托马斯的有效决策模型是自上而下的单向、一维的决策模式，重点在于制定合适的参与管理决策，所以，该模型仍旧不能彻底解决"有效参与"的问题，需要对之进行进一步的完善。因此，如何完善有效参与的模型，以便为公共管理者提供更加实用和可操作化的参与技术和工具，是我们当前面临的一个重要研究课题，也是本领域的一个研究趋势。这正是本书研究的立足之处。基于此，本书研究试图在托马斯建立的框架的基础上构建一个多维的有效决策模型，以期为公共管理理论创新和公共管理者面临的实践难题做出一点有益的探索和贡献。

2.4.2 乡村治理研究简评

上述关于乡村治理的文献极大地丰富和深化了乡村治理及村民自治有效实现形式的研究，然而仍有部分不足之处：

第一，在研究内容和观点上，多元参与的治理体系构建及其基础上的有效治理逻辑机理探讨尚未占据主流研究视野，虽也有学者触及了其发生逻辑，但多元主体参与视角的系统展现与规律总结等没有得到充分讨论。

第二，在研究方法和范式上，缺少多案例分析和比较研究，一定程度上导致了宏观层面运行逻辑和路径判断的偏差。

第三，在研究对象和区域上，虽也有基于田野调查的个案研究，但调研对象主要限于特定区域，尤其是东部经济发达省份，缺少对中西部地区的关注，更是忽视了不同区域间的比较，也由此导致了经验总结和政策建议的不可推广性和不可操作性。

2.4.3　参与视角的乡村治理研究述评

第一，研究内容层面。当前文献主要是参与主体角度的探析，并且是单一主体的分析。这种研究的局限在于：一方面，将不同参与主体放置同一背景、同一平台下的比较分析及其对治理结构、治理机制和治理效果的探讨较少；另一方面，对各类不同参与主体的特征归纳和规律总结很少见，更是缺少了基于参与理念、参与技术和方法、参与效果评估等全视角的系统分析。

虽也有不少文献开始了对参与方式的观察和思考，对于新近实践创新的及时跟踪和研究也值得肯定。但如同关于参与内容的研究，基本是单一参与方式（如积分制、村民理事会等）的分析及其对乡村治理绩效的影响，没有将之嵌入整体治理结构和治理体制机制的系统内进行考察，更没有将之上升到参与技术与方法、有效参与、有效治理的理论维度提升，特别是它们之间内在逻辑、运行机制和实现形式的科学探讨和总结相对较少。

第二，研究方法层面。当前研究大多是实证研究，特别是某个地方（县域、村庄，特别是村庄）、单个案例调研基础上的实证研究，相关的机理和理论研究相对较少；而且缺少多区域、多案例的比较研究，尤其是典型案例的比较研究和跨时间段的案例比较研究。如此，得出的结论也就难免囿于某一区域，难以进行深入的发展规律、发展趋向，以及可推广、可复制的经验的总结，更无法提供相关理论的探讨空间。

第三，研究成果层面。学术论文与研究报告几乎平分秋色。乡村振兴战略提出以前，尤其是"完善党委领导、政府负责、民主协商、社会协同、公众参与、法治保障、科技支撑的社会治理体系"的建设目标提出以前，社会参与乡村治理的研究更多分布在政治学、管理学和社会学领域，研究成果多以学术论文为主。而党的十九大以来，新时代的乡村治理研究开始注重从社会参与角度进行剖析，相关的研究突破了已有的研究学科，更广泛地占据了社会科学的各个领域，研究成果也呈现多样化，研究报告和调研报告等在数量上更胜学术论文。

本章参考文献：

安德鲁·弗洛伊·阿克兰，2009. 设计有效的公众参与 [C]. //蔡定剑. 公众参与：欧洲的制度和经验. 北京：法律出版社.

白杰锋、魏久鹏等，2018. 新型乡村治理体系：生成逻辑、治理功能和实践路径 [J]. 新疆农垦经济 (11).

卜国凤，2020. 新时代农村社区治理的社会力量参与研究 [J]. 核农学报 (12).

蔡定剑，2009. 公众参与：风险社会的制度建设 [M]. 北京：法律出版社.

曹丽、刘敏，2020. 乡村治理新路径探究——新乡贤参与农村网格化治理 [J]. 现代商贸工业 (31).

陈纪、赵萍，2019. 多元精英参与地方民族事务治理：基于乡村旅游治理实践形态的个案考察 [J]. 西北民族研究 (4).

陈金贵，1992. 公民参与研究 [J]. 中国台湾行政学报 (24).

陈剩勇、钟冬生、吴兴智，2008. 让公民来当家：公民有序政治参与和制度创新的浙江经验研究 [M]. 北京：中国社会科学出版社.

陈斯诗，2019. 公众参与水平与乡村建设绩效——基于福建省 A 市两村庄的对比 [J]. 人口与社会 (6).

陈曦，2020. 社会学视角下乡村治理三大主体的角色定位及其对乡村建设的影响——以 Z 县为例 [J]. 社会与公益 (3).

陈泳诗、潘利红，2020. 乡村协商治理新理路——以 Z 镇"村民议事厅"的实践为例 [J]. 辽宁行政学院学报 (1).

程为敏，2005. 关于村民自治主体性的思考 [J]. 中国社会科学 (3).

戴烽，2000. 公共参与——场域视野下的观察 [M]. 北京：商务印书馆.

邓超，2018. 实践逻辑与功能定位：乡村治理体系中的自治、法治、德治 [J]. 党政研究 (3).

邓大才，2018. 走向善治之路：自治、法治与德治的选择与组合 [J]. 社会科学研究 (4).

丁煜骄、沈国琪，2020. 乡贤理事会协同参与乡村治理的路径优化研究——以长兴县小浦镇高地村为例［J］. 农业开发与装备（9）.

冯嘉雯，2020. 结构功能主义视角下农村社会组织参与乡村治理的机制研究［J］. 领导科学论坛（17）.

付秋梅、白雪源，2020. 村民参与乡村治理的权利 意愿与能力——基于村民自治视角［J］. 现代农村科技（4）.

付秋梅、王添，2020. 乡村振兴视域下乡镇人大代表参与乡村治理的履职效果研究——以广西兴业县 C 镇为例［J］. 人大研究（10）.

高其才、池建华，2018. 改革开放 40 年来中国特色乡村治理体制：历程、特征、展望［J］. 学术交流（11）.

关玲永，2009. 我国城市治理中公民参与研究［M］. 长春：吉林大学出版社.

郭金秀、龙文军，2020. 社会组织如何参与乡村治理——基于安徽绩溪县尚村"积谷会"的调研［J］. 农村经营管理（3）.

郭艳楠，2019. 多元治理、回流精英与创新模式——以福建省 CA 村为例［J］. 农村经济与科技（23）.

贺雪峰，2017. 基层治理的逻辑与机制［J］. 云南行政学院学报（6）.

黄丹，2020. 乡村振兴背景下社会组织参与农村治理的困境及对策研究［J］. 现代商贸工业（5）.

黄玲，2010. 政治参与理论研究综述［J］. 黑河学刊（9）.

黄增付，2020. 新型农业经营主体参与乡村治理的制度支持分析［J］. 广西社会科学（2）.

黄宗智，2006. 制度化了的"半工半耕"过密型农业（下）［J］. 读书（3）.

贾西津，2008. 中国公民参与——案例与模式［M］. 北京：社会科学文献出版社.

科恩，聂崇信，2004. 论民主［M］. 朱秀贤，译. 北京：商务出版社.

李长健、李曦，2019. 乡村多元治理的规制困境与机制化弥合——基于软法治理方式［J］. 西北农林科技大学学报（社会科学版）（1）.

李少惠、赵军义，2020. 乡村文化治理：乡贤参与的作用机理及路径选择［EB/OL］. 网络首发：http://kns.cnki.net/kcms/detail/23.1331.G2.20200924.1037.002.html.

李图强，2004. 现代公共行政中的公民参与［M］. 北京：经济管理出版社.

李小云、丁继春、张闽剑，2020. 从乡村精英主导到协同治理——宁夏泾源县"积分卡"制度的实践经验探索［J］. 中国发展观察（21）.

李雪金、贺青梅，2020. 新乡贤参与乡村治理的困境与出路［J］. 特区经济（9）.

梁雪，2020. 农村基层党组织吸纳与培育精英参与乡村治理现状调研报告［J］. 农家参谋（21）.

蔺雪春，2006. 当代中国村民自治以来的乡村治理模式研究述评［J］. 中国农村观察（11）.

刘帅，2019. 新乡贤参与乡村治理的困境分析及路径选择 [J]. 区域治理 (50).

卢福营、江玲雅，2010. 村级民主监督制度创新的动力与成效——基于后陈村村务监督委员会制度的调查与分析 [J]. 浙江社会科学 (2).

罗尔斯，1988. 正义论 [M]. 北京：中国社会科学出版社.

马洁华，2020. 新时期村庄"协同治理"模式特征与价值分析——基于河南省 G 县 H 村村民理事会的考察 [J]. 新疆农垦经济 (1).

马晶晶、胡江峰，2021. 合作社参与乡村系统内部治理的优越性及模式选择 [J]. 系统科学学报 (1).

马振清，2001. 中国公民政治社会化问题研究 [M]. 哈尔滨：黑龙江人民出版社.

慕毅飞，2009. 温岭公共预算民主恳谈的实践与思考 [C]. //刘平，鲁道夫·特劳普—梅茨. 地方决策中的公众参与：中国和德国. 上海：上海社会科学院出版社.

尼古拉斯·亨利，2002. 公共行政与公共事务 [M]. 项龙译. 北京：华夏出版社.

彭涛、魏建，2010. 村民自治中的委托代理关系：共同代理模式的分析 [J]. 学术月刊 (12).

彭晓旭，2020. 新乡贤参与乡村治理的内在机理与实践逻辑：以广东 Z 村为例 [J]. 北方民族大学学报 (4).

浦岛郁夫，1989. 政治参与 [M]. 北京：经济日报出版社.

钱坤，2020. 从"悬浮"到"嵌入"：外生型社会组织参与乡村治理的困境与出路 [J]. 云南行政学院学报 (1).

塞缪尔·P. 亨廷顿，乔治·I. 多明格斯，1996. 政治发展 [C]. //格林斯坦、波尔斯比. 政治学手册精选：下卷. 储复耕，译. 北京：商务印书馆.

邵一琼，2020. 规范乡村治理中"能人治村"的对策思考——以宁波市为例 [J]. 江南论坛 (3).

孙邦金、边春慧，2019. 新乡贤参与乡村治理的功能再生与制度探索 [J]. 广西师范大学学报（哲学社会科学版）(6).

孙秀林，2011. 华南的村治与宗族——一个功能主义的分析路径 [J]. 社会学研究 (1).

唐清利，2010. 当代中国社会治理结构及其理论回应 [J]. 管理世界 (4).

唐兴霖，2000. 公共行政学：历史与反思 [M]. 广州：中山大学出版社.

陶东明、陈明明，1998. 当代中国政治参与 [M]. 杭州：浙江人民出版社.

仝志辉，2002. 乡村关系视野中的村庄选举：以内蒙古桥乡村委会换届选举为个案 [M]. 西安：西北大学出版社.

王春伟、管蕊蕊，2018. 村民政治参与逻辑与行为选择——基于山东 D 村的个例研究 [J]. 山东农业大学学报（社会科学版）(4).

王大任，2020. 嵌入性治理——近代东北商人群体与乡村基层社会 [J]. 中国经济史研究 (5).

王国炜，2020. 国家治理现代化视域下新乡贤参与农村社区治理的创新路径 [J]. 安徽农

学通报 (18).

王俊程、李达，2019. 秩序重构：乡村社会治理中的新轨迹 [J]. 重庆三峡学院学报 (1).

夏苗苗，2019. 宗族组织在乡村治理中的功能及其参与路径研究 [J]. 克拉玛依学刊 (6).

肖龙，2020. 项目进村中村干部角色及村庄治理型态 [J]. 西北农林科技大学学报（社会科学版）(1).

熊懿，2020. 农民合作经济组织参与乡村治理策略分析 [J]. 农业经济 (8).

徐建云、江木根、吴云瑛，2020. 农村"法律明白人"参与乡村治理体系和治理能力现代化建设探析——以江西省抚州市实施"农村法律明白人"培养工程为视角 [J]. 中国司法 (9).

徐勇，1997. 民主化进程中的政府主动性——对四川达川市村民自治示范示范活动的调查与思考 [J]. 战略与管理 (3).

徐勇，2005. 村民自治的深化：权力保障与社区重建——新世纪以来中国村民自治发展的走向 [J]. 学习与探索 (4).

徐勇，2015. 积极探索村民自治的有效实现形式 [J]. 中国乡村发现 (1).

徐勇、赵德健，2014. 找回自治：对村民自治有效实现形式的探索 [J]. 华中师范大学学报（人文社会科学版）(4).

杨波、刘锦秀，2004. 国外政治参与理论综述 [J]. 甘肃理论学刊 (11).

姚翼源、方建斌，2020. 社会资本参与乡村生态治理的共鸣、局限与策略 [J]. 现代经济探讨 (6).

俞可平，2000. 权利政治与公益政治 [M]. 北京：社会科学文献出版.

郁建兴、高翔，2009. 农业农村发展中的政府与市场、社会：一个分析框架 [J]. 中国社会科学 (6).

郁建兴、任杰，2018. 中国基层社会治理中的自治、法治与德治 [J]. 学术月刊 (12).

袁方成、刘桓宁，2020. 基层协商民主助推治理有效——基于崇阳县"村湾夜话"的经验分析 [J]. 中国政协理论研究 (1).

袁忠、刘雯雯，2019. 我国乡村多元治理格局的困境及其破解——基于"三治合一"乡村治理体系的思考 [J]. 广东行政学院学报 (6).

约翰·克莱顿·托马斯，2005. 公共决策中的公民参与：公共管理者的新技能与新策略 [M]. 孙柏瑛等，译. 北京：中国人民大学出版社.

张大维，2018. 优势治理：政府主导、农民主体与乡村振兴路径 [J]. 山东社会科学 (11).

张军、席爽，2020. 社会资本视角下村民参与乡村治理的路径优化研究——以皖北 N 村为例 [J]. 社会治理 (8).

张天佐、李迎宾，2018. 强化"三治"结合 健全乡村治理体系 [J]. 农村工作通讯 (8).

张晓欢、田琳琳，2020. 新时代乡村组织发展与社会治理 [J]. 社会治理 (1).

赵光勇，2014. 经济嵌入与乡村治理 [J]. 浙江学刊（3）.

中国社会科学杂志社，2000. 民主的再思考 [M]. 北京：中国社会科学出版社.

中央编译局比较政治与经济研究中心，北京大学中国政府创新研究中心，2009. 公共参
　与手册：参与改变命运 [M]. 北京：社会科学文献出版社.

周星璨，2019. 湖南：乡村网络化治理的实现路径 [J]. 区域治理（42）.

朱冬亮、洪利华，2020. "寡头"还是"乡贤"：返乡精英村治参与反思 [J]. 厦门大学学
　报（哲学社会科学版）（3）.

邹树彬，2003. 民主实践呼唤制度跟进——深圳市群发性"独立竞选"现象观察与思考
　[J]. 人大研究（8）.

Arnstein，S. 1969. A Ladder of Citizen Participation. Journal of the American Institute of
　Planner，35. 216 - 224.

Carl Boggs，2000. The End of Politics [M]. New York：Gulford Press，2000.

David K. 1983. Hart："Theories of Government Related Decentralization and Citizen Partic-
　ipation" [J]. Public Administration Review，Vol. 12，Special Issue. 603 - 621.

Kweit，1981. Mary Grisez and Rodert W. Kweit：Implementing Citizen Participation in a
　Bureaucratic Society：A Contingency Approach [M]. New York：Praeger Publisher.

Oi，Jean，1996. Economic Development，Stability and Democratic Village Self-Govern-
　ment. in Maurice Brosseau，Suzanne Pepper，and Tsang Shu-ki [J]. China Review，
　Hong Kong：The Chinese University Press.

第3章 多元主体参与乡村治理的理论分析框架

为剖析和破解多元主体参与与有效治理之间的内在机理与运行逻辑，我们将公众参与的有效决策模型进行拓展性应用，构建了乡村有效治理的多元参与理论分析框架，为后续研究提供学理基础。

3.1 基础理论：公民参与的有效决策模型

约翰·克来顿·托马斯在其著作《公共决策中的公民参与：公共管理者的新技能与新策略》中，提出了公众参与的有效决策模型。托马斯认为，界定公众参与的程度主要取决于最终决策中政策质量（Quality）要求和政策的可接受（Acceptability）要求之间的互相限制。如果公共决策需要更多地满足决策质量要求，则需要维持决策的专业化标准、立法命令、预算限制等要求。如果对公众的可接受性有较大的需求，则更看重公众对政策的可接受性或遵守程度。也就是说，政策质量期望越高，对公民参与的需求程度越小；政策接受性期望越高，对公众参与的需求程度和分享决策权力的需求程度就越大。如果两种需要都很重要，就需要在要求增强公众参与与要求限制公众参与等不同观点间的争议中寻求平衡（托马斯，2004）。在此基础上，约翰·克来顿·托马斯构建起了公众参与的有效决策模型（图3-1、图3-2和表3-1）。

对此，托马斯指出，公众参与的有效决策模型有助于指导公共管理者界定和判断谁应该参与决策，以及在什么时候应该以何种形式参与。但从抽象的意义上讲，公民参与并没有好坏之分，有效决策模型中提出的五种管理决策只是不同层次的参与方式，没有孰优孰劣之分，而且每种决策的最终实现必须有赖于具体的参与途径或工具。

| 1.决策质量要求是什么？ | 2.政府有充足的信息吗？ | 3.问题是否结构化？ | 4.公民接受性是决策执行必需吗？如果没有参与决策执行是不可能的吗？ | 5.谁是相关公众？ | 6.相关公众与公共管理机构目标是否一致？ | 7.在选择解决问题的方案时，相关公众存在冲突吗？ |

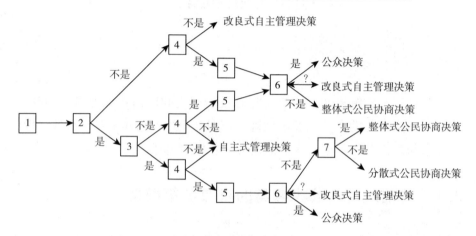

图 3-1　公众参与的有效决策模型

资料来源：约翰·克莱顿·托马斯：《公共决策中的公民参与：公共管理者的新技能与新策略》，孙柏瑛等译，北京：中国人民大学出版社 2004 年版，第 66 页。

表 3-1　公民参与方式矩阵

决策制定类型	公众的性质			
	单一有组织的团体	多个有组织的团体	未组织化的公民	复合型的公民
改良式的自主管理	关键公众接触	关键公众接触	公民调查/由公民发起的接触	关键公众接触/公民调查/由公民发起的接触
分散式的公民协商	关键公众接触	接触/一系列会议	公民调查	公民调查/会议
整体式的公民协商	与公民团体开会座谈	咨询委员会/一系列会议	一系列公民回忆	咨询委员会/会议
公共决策	与公民团体协商	与咨询委员会协商	一系列公民会议	咨询委员会/公民会议

资料来源：约翰·克莱顿·托马斯：《公共决策中的公民参与：公共管理者的新技能与新策略》，孙柏瑛等译，北京：中国人民大学出版社 2004 年版，第 116 页。

1	2	3	4	5	6	7
决策的质量要求是什么?	政府有充足的信息吗?	问题是否被结构化了?	公众接受性是决策执行时必需的吗?	谁是相关公众?	相关公众与管理者的目标是否一致?	在选择决策方案时,相关公众存在冲突吗?

含义	决策模式	适应情形
管理者在没有公民参与的情况下独自解决问题或者制定决策	A1:自主式管理决策	政策质量要求处于支配地位,管理者既不需要从公众中获取信息,也不要求公众一定接受
管理者从不同的公众群体中搜寻信息,然后独自决策,公民群体的要求可能会也可能不会得到反映	A2:改良的自主式管理决策	管理者需要从公众中获取信息但单独做决策;或者即使公众可接受性要求十分高,但管理者在单独做决策时已经对公众接受程度很有把握了
管理者分别与不同的公众团体探讨问题,听取其观点和建议,然后制定反映这些团体要求的决策	C1:分散式的公众协商	某个结构化问题的解决需要公众的支持,而且公众与公共管理机构的目标存在分歧,公众内部却形成了一致的反对意见
管理者与作为一个单一集合体的公众探讨问题,听取其观点和建议,然后制定反映公民团体的决策要求的决策	C2:整体式的公众协商	有信息需求;问题没有结构化(或者已经结构化,但公众内部存在分歧);需要公众参与以提高政策的可接受性;公众与公共管理机构的目标存在分歧
管理者同整合起来的公众探讨问题,而且,管理者和公众试图在问题解决方案上取得共识	G:公共决策	某项政策需要产生普遍的公众接受和认可,而且公众态度与公共管理机构的目标一致(此时,公众对政策的接受程度不会给政策质量带来威胁)

图3-2　公众参与的有效决策模式组合

公共决策的主体是公共管理者,有效决策模型的前提是公共管理者与公众参与的有效互动。只有公共管理者和公众有效合作,在良好规划和管理的基础上,才能实现公众参与的有效性和公共决策的有效性,进而提高政府的工作效能和合法性。实现社会参与是一个相当艰苦的过程,为此,托马斯为高效能的公共管理者提出了"做什么和不做什么"的原则。这些原则是:①提前预测问题,而不是由外界强压问题;②界定问题,以获得解决问题的最佳途径;③不能把公民参与本身当作是与非评判的标准;④知晓将要从公民参与中得到什么;⑤应该意识到公民参与必然需要分享决策权力;⑥提前确定哪些问题可以与公民协商,哪些问题不行;⑦预先确定公民中的哪个部分应当纳入参与过程;⑧决策接受性要求管理者在公民参与时要考虑公民对组织目标的态度;⑨选择适当的决策形式;⑩努力建立良好的合作关系;⑪时刻把握公共利益的走向;⑫接受失败并从失败中学习经验。

有效决策模型的修正。有效决策模型经过决策案例检验后，托马斯概括和精简了其有效决策模型：案例明确而具体地体现了公民参与决策质量要求与接受程度两个价值之间的剧烈碰撞，这使得公民参与的讨论困难重重。①在同时具备决策质量要求和公民可接受性要求的绝大多数案例中，不可能采用自主管理决策的方式。②相关公众与公共管理机构目标取得一致的时候仅占全部案例的三分之一；在大多数时候，相关公众与管理机构的目标存在着分歧。③更复杂的情况是，参与决策的公民通常包括了组织化的公民团体、未组织化的公民团体以及其他一些对决策感兴趣的利益相关者。④位于所有案例中间位置的理论建议参与方式是整体式咨询途径，然而，实际的参与程度则要低一些，其中一半实际的案例采用了低于整体式咨询参与的形式，差不多四分之一的案例甚至完全排斥参与——尽管这种排斥并非总能如愿以偿。至少从历史的角度看，公共管理者试图运用公民参与的现实情形远比人们期望达到的情形要少得多。⑤公民参与程度的简单测量并不能与高度的决策有效性之间产生强烈的相关关系（相关系数 $r=0.416$）。本项研究结论建议，一个公共管理者可以大量地吸引公民参与，然而，有效的决策则需要根据问题的要求，适当地选择公民参与程度（托马斯，2004）。

中国学者对有效决策模型的调适。①在托马斯的决策模型中，对政策质量的高度关注很大程度上与西方国家开展的"结果导向"的行政改革有着内在的联系。而在我国，制约政府过于集中的权力和实现公民的利益表达，是公民要求参与政府决策过程的最主要理据，而公民最终能否实现参与则取决于政府对这种要求的回应程度，决策质量的提高在某种程度上成为公民在参与中理性商谈的副产品。②在托马斯的有效决策模型中，对最佳政策的定位是清楚的、既定的（政策自身质量和可接受性）。而我国的地方公共政策常常是多元目标的综合体现，最重要的是，它在当前政治体系中承担实现政府合法性的任务，从而发挥着"行政吸纳政治"的功效。在我国地方公共政策制定中，考虑到公民越来越强烈的利益诉求和矛盾冲突，对政策可接受性的关注有可能远甚于对政策质量的关注。简言之，托马斯模型的核心关注点在于回答政府应在何时、以何种方式吸引社会参与

的问题，它隐含的前提是负责的政府、积极行动的公民以及多样化社会参
与机制的存在。很明显，这样的前提在我国并不现实，公民参与的必要性
在学者和公共管理者之间似乎也还远未达成共识。因此，我国公共决策中
的公民参与问题，首先要回答的是公民为何能够参与进来的问题，其次才
是以什么方式参与的问题（陈胜勇、钟冬生、吴兴智，2008）。

公共决策有效性的评估。有效性可以根据过程来加以界定，即公共决
策进展是否顺利，效果怎样？以及最终决策的执行效果如何？过程有效性
的评估指标有：①对抗或"令人不愉快"的程度；②必要时间；③获得决
策结果的能力。决策结果有效性的指标包括：①是否符合决策质量要求；
②决策执行是否成功；③公民或公众对最终决策的满意程度；④管理者对
决策的满意程度；⑤最终是否达到了既定目标。决策的有效性评价包括管
理的和公民的两个角度。

托马斯的有效决策模型为公共管理者决定在不同的公共政策制定、执
行中选择不同范围和不同程度的社会参与方式提供了实用和可操作的指
南，为公共管理者提供了一个将社会参与与公共管理相互平衡和结合的思
考框架。但它并不能完整地回答公众究竟应该如何参与，不能完全展示
"如何参与"和"有效参与"的问题，也即不能解决本书研究的主要问题：
乡村治理中的社会参与是如何进行的。虽然如此，该模型可以较方便地探
寻社会参与方式与政策要求及目标之间的相互适应性，给出了合适的管理
决策制定方法，并同时解释了"决策要求—参与程度—参与途径"之间的
相互关系。为解决本书研究问题，我们将以托马斯的公民参与的有效决策
模型为理论基础，构建新的理论框架。

3.2　理论框架：乡村有效治理的多元参与分析框架

公众参与必然深度影响公共治理效率，问题的关键在于如何在公共治
理中融入有效的公众参与（孙柏瑛，2004）。约翰·克莱顿·托马斯在
《公共决策中的公民参与》中第一次提出了公众参与的工具、技术、方法
问题，认为理性思考和把握公众有序参与的途径、技术和方法，是公共管
理者必备的技能和策略，设计精良的公众参与技术是实现有效参与的关键

（托马斯，2004）。为剖析多元共治中关键影响变量及公众参与技术对有效治理的影响机制，本书基于托马斯的有效决策模型构建了以参与主体、参与方式、参与内容、参与程序、参与保障为主要维度的多元参与基层治理体系，和参与技术影响有效参与进而影响有效治理的"参与技术—有效参与—有效治理"分析框架。

社会参与对于乡村有效治理的重要性，近些年的相关文件有过多次阐述[①]，学理层面上的相关探讨也已相对成熟。自 20 世纪六七十年代以来，社会参与思想在当今几乎所有的治理理论中都占有重要位置。早期的社会参与以政治参与为主，主要表现为选举。进入 19 世纪 80 年代，民众逐渐突破传统的参与范围，积极参与到更广泛的公共事务决策和治理中。20 世纪 70 年代中后期，随着新公共管理改革运动的兴起，公共管理和公共事务中的民众参与范围更加广泛，涵盖公共政策、公共事务和公共生活等几乎所有公共治理领域。社会参与也被界定为提升公共治理绩效和公共服务能力的新策略和新途径。一方面，社会参与能够提升立法和决策的公正性、正当性、合理性，进而提升相关制度机制的公信力和影响力（王锡锌，2008）。另一方面，公众与公共权力机构之间的互动反馈，能够影响公共决策和治理行为（蔡定剑，2009），提高决策和治理结果的可接受性或提高决策质量，进而有利于政策执行和治理效率提高。多元主体参与公共事务和公共决策的最终目标在国家治理层面上是提高公共治理的合理程度与治理效率，在社会层面上是为了实现更大多数人的利益（刘红岩，2012），而最终目标的实现首先要求有效参与的实现。有效参与不一定必然带来有效治理，但没有有效参与就一定不会有有效治理。

参与就是在政治活动或政策的制定与执行中，公众通过讨论、协商或审议等公共协商过程（陈剩勇等，2008），对政府决策和政治决定施加影响（浦岛郁夫，1989；戴烽，2000），以使政府提供更多的施政回馈回应民意，或提供更多更直接的方式参与公共事务（Garson、Williams，2003）。有效参与就是公众通过参与影响决策和治理过程，使其需求在最

---

① 其中最具代表性的是：社会治理（乡村治理）作为国家治理的重要方面，要求完善党委领导、政府负责、民主协商、社会协同、公众参与、法治保障、科技支撑的社会治理体系，实现多方参与的有效途径，健全农民群众和社会力量参与乡村治理的工作机制，形成共建共治共享的乡村治理格局。

终的决策结果中得到体现，或被告知利益和诉求没有得到体现的原因（刘红岩，2012）。参与的广度、深度和效度是有效参与的衡量维度（科恩，2004）。广度指参与主体的广泛性和参与渠道的多样性。深度指参与层级的层次性与参与表达的充分性，前者如参与决策环节的多寡，后者如参与者的意愿、观点能否完整、准确而清楚地表达。效度指参与者在参与过程中的角色作用与参与结果的实际收益，以及对整体政治体系的影响。

实现有效参与，参与方式、程度、质量（Parry G，1990），参与人数、层次、强度（李图强，2009）是决定因素，负责的政府、积极行动的公民、多样化社会参与机制，以及公共管理者与多元参与者的有效互动是必要条件（托马斯，2004）。在此框架内，政府扮演推动者和提供者角色，公众为政策制定提供积极和最初的动力，政府、市场、公民个人和各种社会团体整合运用他们的资源（孙柏瑛，2004），实现治理目标。公民参与的有效决策模型为探索实现有效参与提供了理论借鉴，以参与主体、参与方式、参与程度、参与保障和参与评估为主体维度的参与模型（刘红岩，2014）契合公共决策过程，进一步回答了"谁参与""参与什么""如何参与"，是有效参与实现路径的新近探索。

具体到乡村治理，民主选举、民主协商、民主决策、民主管理、民主监督是社会参与的应有之义，也涵盖了乡村治理的大部分内容。参与方式和参与主体在很大程度上决定了参与程度和有效参与。有效参与理论分析框架可以拓展应用到有效乡村治理分析框架中，在党的领导下，在民主决策、民主管理、民主监督的参与行为中，参与主体的广泛性、代表性，参与方式的可及性、便捷性，参与内容的层级性、程序性和规范性，能够提高参与程度并实现有效参与，进而提升治理效果和治理绩效（图 3-3）。

3.2.1　参与主体

参与主体是指"谁参与"的问题。社会参与的主体是公民，具体指一切非政府的公民个体或公民团体行为者。通常社会参与的主体包括公共管理者、公众、专家、学者、媒体、企业、社区、社团组织等。公共决策的主体是公共管理者，实现有效参与的前提是公共管理者与社会参与的有效互动。只有公共管理者和公众有效合作，在良好规划和管理的基础上，才

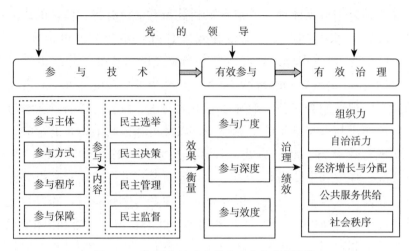

图 3-3　乡村有效治理的多元参与分析框架

能实现社会参与的有效性及公共决策的有效性。具体参与主体的确定要根据具体事项的利益相关人而定。当前乡村治理中的参与主体是多元化的，有国家、市场、社会层面之分，有组织和个人之分，有治理精英与普通村民之分，等等。并且，随着中国经济社会的不断发展，乡村社会也会处于不断的分化和重组中，乡村治理主体也会处于不断的调整中。

　　参与主体的广泛性、代表性和范围性①，是推进有效参与进而助推有效治理的重要决定变量。

3.2.2　参与方式

　　参与方式涉及的是"如何参与"的问题。本研究以标准的不同界定了三种类型的参与方式。第一种以参与目标为标准。托马斯根据社会参与的不同目标提出了相应的参与方式和途径，并寻求参与目标与参与方式之间的相互适应性。第二种以参与程度为标准，主要指以社会参与阶梯理论中提出的层级递进的八级参与方式、托马斯在决策模型中概括的五种管理决策类型以及基于信息交换的三种参与方式，即告知型、咨询型和积极参与型。第三种以参与主动性为标准，这种划分标准是规划实践中的总结，体

---

　　① 范围性是指各参与主体有明确的职责边界，包括权力义务对等，不"缺位"、不"越位"等。

现了社会参与由被动到主动、由单一到多元的变化历程。其具体的参与方式指对抗式参与、建议式参与、志愿式参与和录用式参与。

参与方式和具体的参与途径根据参与目标和参与程度而定，因而，参与方式与参与目标和参与程度之间通常具有一定的相关性，这种关联性也会影响参与有效性的实现。在具体的参与事项中，参与方式通常是多种多样的，并且在实践中不断创新。参与方式根据参与目标和具体的参与事项确定。

参与方式的充足性、便捷性、可及性及新科性①，是参与方式层面影响参与有效性和治理绩效的重要变量。

3.2.3　参与内容

随着 20 世纪 80 年代公众参与理论的引入，公众参与在中国的实践领域逐步拓宽。从政治参与、公民参与到公众参与、社会参与，社会参与的称谓本身反映了其参与领域从政治领域向公共管理和公共事务领域的跨越。总的来看，社会参与的领域包括 8 个：①立法决策层面，主要有立法听证和立法游说两种途径；②环境保护；③公共卫生；④公共事业管理；⑤城市规划；⑥公共预算；⑦政府绩效评估；⑧基层治理，主要有农村村民自治和城市社区治理，社会参与体现在民主决策、民主管理等方面。

在乡村治理中，在村民自治框架内，典型的参与领域是"四个民主"，即民主选举、民主决策、民主管理、民主监督。除此之外，村庄公共产品提供与公共事务处理、村组分工与产权关系、县乡村组相互之间的关系等的处理，尤其是在实施乡村振兴战略和推进农业农村现代化过程中的诸多事务，都是多元主体参与的重要领域。

3.2.4　参与保障

参与保障是社会参与开展的环境，是参与范围、参与形式、参与程度和参与效果评估的基础，是社会参与顺利进行和实现有效治理的保证。社会参与保障通常包括制度保障、组织保障、程序保障、财政保障、人才保障、技术保障等。

---

① 新科性体现在科技支撑方面，主要是线上线下相结合的方式。

近几年的中央 1 号文件、党的十九大报告、党的十九届四中全会、党的十九届五中全会，以及《中共中央　国务院关于加强基层治理体系和治理能力现代化建设的意见》《中共中央关于坚持和完善中国特色社会主义制度　推进国家治理体系和治理能力现代化若干重大问题的决定》《关于加强和改进乡村治理的指导意见》《中央农村工作领导小组办公室 农业农村部 中央组织部 中央宣传部 民政部 司法部关于开展乡村治理体系建设试点示范工作的通知》等对于乡村治理的相关规定、要求和阐述，都是乡村多元共治的支撑保障。

3.2.5　参与程序

乡村治理中，从议题设定到决策制定、决策执行，再到建立制度的全过程，即"提出议题—把关筛选—确定议题—民主协商—表决通过—公开公示—形成项目—组织实施—效果评估—纠偏提升—形成公约—建立制度"全过程中的程序性、规范性、制度性，都是有效参与和有效治理的基础保障条件。例如，参与效果的评估与纠偏是社会参与计划执行的内部行为，它有助于公共管理者思考如何逐步优化参与过程，并将有效的管理路径和工具变成一套正式的行为规范，进而使参与元素得以持续。社会参与效果评估包括评估标准、评估程序、评估框架、评估内容、评估方法等，要根据评估结果进行纠偏，同时不断修正和完善模型。

多元共治分析框架要与公共决策过程有机契合，才能更好地实现社会参与的有效性。从决策过程角度分析，有效社会参与模型蕴藏着制定、执行和评估的全决策过程分析。从分析是否应该引入社会参与到最后的效果评估与纠偏，该模型既反映了一般治理的基本职能，又充分考虑了社会参与的特点；参与主体、参与方式、参与保障关系到参与方法和参与工具的选择，将全面、透彻地考察参与在具体领域是怎样进行的。另一方面，参与方式、参与程度和参与保障可分别作为政策制定与执行、执行与评估的纽带，这样便可以把对社会参与治理过程与政策分析阶段对接起来。

3.2.6　有效参与衡量

社会参与程度可从社会参与的广度、深度及效度三个方面进行衡量。

社会参与的广度有两层含义：第一层含义是指实际参与的社会成员占受或将受与其相关的政府事务和政治生活的总体社会成员的比例；第二层含义是指公民个体对参与方式和参与渠道的使用量，即公民经常使用一种方式或渠道，还是同时使用多种渠道或方式。社会参与的广度意味着参与主体的广泛性和参与渠道的多样性。社会参与的深度是社会参与对决策过程的影响程度，它可以从两个方面进行考察：一是社会参与的层次，社会参与所能达到的权力系统的层级直接关系到参与目的的实现程度（关玲永，2009）。二是参与过程中社会主体参与的自主性和充分性，即参与主体是否对其参与的事务和决策过程有清晰的认识，自己的意愿、观点是否能够完整、准确而清楚地表达。社会参与的效度是指参与行为对参与主体个人和整体政治体系乃至社会结构的功能和影响程度，其具体衡量维度有两个：一是参与主体在参与过程中所起的作用和获取的实际收益；二是参与行为对整体政治体系运行的影响。参与程度根据参与目标和具体的参与事项确定。同时，参与程度的界定决定了具体的参与方式的选择。参与程度是参与有效性和治理有效性的重要衡量指标。

3.2.7　有效治理衡量

关于有效治理，即乡村治理绩效的衡量，国际上最具影响力的是世界治理指数（WGI），以表达与问责、政治稳定与暴力程度、政府效率、规制水平、法治、腐败控制为衡量指标（Kaufmann，2009）。基于我国乡村发展实际，国内相关研究主要从经济绩效、政治绩效、社会绩效、服务绩效 4 个维度衡量乡村治理绩效（黄祖辉、张栋梁，2008；郑卫荣，2010；吴春梅、邱豪，2012），也有学者将统一政党执政的权威性、国家治理的有效性、村民自治的参与性作为主要衡量指标（肖滨、方木欢，2016）。具体指标方面，经济增长与分配、行政管理事项、村民公共参与、公共服务能力、乡村社会秩序、文化建设等是主要测量指标（郭正林，2004；卢福营，2010；谢治菊，2012；吴新叶，2016；王晓莉，2019）。2018 年中央 1 号文件从农村基层党组织建设、村民自治、乡村法治、乡村德治、平安乡村五方面构建了乡村治理体系。回应新时代的乡村振兴战略要求，借鉴经济、政治、社会、服务四个绩效考量维度，本书构建的乡村有效治理衡量指标包括：基层党组织组织力、村民自治活力、村庄经济增长与分配、村庄公共产品与服务供给能力、村庄社会秩序。

综上，乡村多元参与的有效治理模型是破解乡村治理领域社会参与"怎样进行（谁参与、参与什么、如何参与）"以及在"参与技术—有效参与—有效治理"的链条中有效治理如何实现的一个模型。它的主要内容包括三个维度、七个要素，即参与主体、参与方式、参与程序、参与保障、参与内容、有效参与和有效治理。该模型是一个循环系统，参与效果和治理效果评估之后，可以对参与行为进行纠偏或对模型进行调试，最终达到有效参与和有效治理的目标。

多元参与的有效治理模型是一种应用于乡村治理的全新系统。从治理功能的角度来看，它弥补了托马斯公众参与有效决策模型的不足，将社会参与理念由参与组织者以前采用的静态的单向决策模式转向动态的多维治理模式（表3-2），更符合决策科学化、民主化和现代化的要求。

表3-2　乡村多元参与的有效治理模型的治理功能

主要特征维度	有效决策模型	有效治理模型
管理手段	单向决策	多维治理
侧重点	制定合适的参与决策	对参与保障、参与主体、参与方式、参与程序和参与效果的综合治理
信息流向	自上而下	自上而下、自下而上以及平行性沟通（多种利益主体）兼有

本章参考文献：

蔡定剑，2009. 公众参与：风险社会的制度建设 [M]. 北京：法律出版社.

陈剩勇、钟冬生、吴兴智，2008. 让公民来当家：公民有序政治参与和制度创新的浙江经验研究 [M]. 北京：中国社会科学出版社.

戴烽，2000. 公共参与——场域视野下的观察 [M]. 北京：商务印书馆.

郭正林，2004. 乡村治理及其制度绩效评估：学理性案例分析 [J]. 华中师范大学学报（人文社会科学版）(4).

黄祖辉、张栋梁，2008. 以提升农民生活品质为轴的新农村建设研究——基于1 029位农村居民的调查分析［J］. 浙江大学学报（人文社会科学版）（4）.

科恩，2004. 论民主［M］. 北京：商务出版社.

李图强，2004. 现代公共行政中的公民参与［M］. 北京：经济管理出版社.

刘红岩，2012. 国内外社会参与程度与参与形式研究述评［J］. 中国行政管理（7）.

刘红岩，2014. 公民参与的有效决策模型再探讨［J］. 中国行政管理（1）.

卢福营、江玲雅，2010. 村级民主监督制度创新的动力与成效——基于后陈村村务监督
委员会制度的调查与分析［J］. 浙江社会科学（2）.

浦岛郁夫，1989. 政治参与［M］. 北京：经济日报出版社.

孙柏瑛，2004. 当代地方治理——面向 21 世纪的挑战［M］. 北京：中国人民大学出
版社.

王锡锌，2008. 行政过程中公众参与的制度实践［M］. 北京：中国法制出版社.

王晓莉，2019. 新时期我国乡村治理机制创新——基于 2 个典型案例的比较分析［J］. 科
学社会主义（6）.

吴春梅、邱豪，2012. 乡村沟通网络对村庄治理绩效影响的实证分析——基于湖北张玗
村和邢家村的调查［J］. 软科学（7）.

吴新叶，2016. 农村社会治理的绩效评估与精细化治理路径——对华东三省市农村的调
查与反思［J］. 南京农业大学学报（社会科学版）（4）.

谢治菊，2012. 村民公共参与对乡村治理绩效影响之实证分析——来自江苏和贵州农村
的调查［J］. 东南学术（5）.

约翰·克莱顿·托马斯，2004. 公共决策中的公民参与：公共管理者的新技能与新策略
［M］. 北京：中国人民大学出版社.

Garson, G. D., Williams, J. O., 2003. Public Administration: Concepts, Readings,
Skills［M］. *Boston: Allyn and Bacon press*.

Kaufmann, D., Kraay, A. & Mastruzzi M., 2009. Governance Matters Ⅷ: Aggregate
and Individual Governance Indicators, 1996—2008［M］. *World Bank Policy Research
Working Paper*: 4978.

Parry G, Moyser G., 1990. A map of political participation in Britain［J］. *Government
and Opposition*, vol. 19.

第4章　乡村治理模式的发展演变

　　中国乡村治理模式在对农村社会政治经济变化的不断调试中逐渐走向完善。20世纪50年代以来中国农村实行人民公社体制，以自然村为基础的自发自生的村民自治是对中国乡村治理的基本描述。随着1984年人民公社体制的废除，《中华人民共和国村民委员会组织法（试行）》于1987年贯彻实施，我国形成了"乡镇—村民委员会—村民小组"为基本架构的"乡政村治"体制。1998年中华人民共和国全国人民代表大会常务委员会修订通过了《中华人民共和国村民委员会组织法》，从法律上规定了村民委员会设立于建制村，建制村是国家统一规定并基于国家统一管理需要的村组织、村集体经济单位。1998年之后，伴随着农村经济社会的不断发展，村民自治实现形式和乡村治理模式在建制村框架内处于不断的探索和创新中。

　　关于乡村治理模式的发展演变，已有研究主要在两个维度上阐述。一是基于治理功能（治理内容）的总结，认为乡村治理模式经历了从碎片化的单项功能到整体性的多项功能的转变，如从注重民主选举转变到民主选举、民主决策、民主管理、民主监督并重，从注重民主功能转变到注重治理功能（郎友兴，2015；付建军，2015）；从注重乡村治理的治理制度转变到治理技术，如从关注乡村治理的制度与规范转变到治理的条件与形式（渠敬东等，2009；邓大才，2014）。二是基于治理结构的总结，认为乡村治理模式经历了从一元到多元的转变，如乡村精英和农村各类经济组织、社会组织的崛起，改变了乡村原有的治理结构，形成了"多元""多主体""多权威""多中心"的治理模式（邢成举，2009；韩小凤，2014；王春光，2015；陈天祥，2015）。基于治理结构维度，还有学者认为当前治理模式是以中国共产党的基层组织、乡镇政府和村民自治组织的"三元权威"和以农村宗族、乡村能人、乡村教师和医生为主的"非治理精英权威"的"四维治理架构",或者包括乡镇政府、村民委员会、农村社会组织、新型农业经营主体在内的政府、农民、市场、社会等四维治理结构(李长健、李曦,2019)。基于浙江桐乡的实践,法治、自治、德治"三位一体"的治理模式也在中央文件中被当作实践要求正式提出(中央 1 号文件,2018)。已有研究为本书总结乡村治理模式发展创新提供了有益借鉴,但也区别于本书所探讨的内容。其一,本书虽是基于治理结构维度对乡村治理模式进行梳理,但同时兼顾治理内容和治理功能的总结,在模式呈现上有别于以往研究。其二,本书不仅探讨了乡村治理模式的发展演变过程,还剖析了这一发展演变背后的基本逻辑和本质特征,并试图为乡村治理模式的发展趋势提供参考和启示。

借鉴已有文献经验,从治理结构视角观察,本书认为,我国乡村治理模式的发展演变经历了一个从一元结构到二元结构、再到多元结构,从已有结构的内部调适到已有结构重构的发展过程。

4.1 一元结构的管理模式

乡村治理既是一个古老的命题,也是近代以来国家治理结构演进中的重要一环。在传统中国社会,乡村社会实际上是以士绅统治为主要形式的自治社会。所谓"自治",并不是现在我们所熟知的村民自主治理,而是指国家和政府力量基本不对乡村的政治生活进行干预,"皇权不下乡"概括了我国两千多年乡村社会治理的一个基本特征(陈锡文、赵阳、罗丹,2008)。

晚清民国以来,国家开始在乡一级设立正式或半正式的行政机构如乡公所,国家权力对农村社会的控制得到加强。特别是新民主主义革命完成后,传统的乡里制度和保甲制度宣告终结,国家政权的力量深入农村。

中华人民共和国成立后一直到改革开放之前,我国乡村的治理主体主要是以政府为代表的一元主体。土地改革与农村合作化的开展将国家管理权力延伸到了自然村,1954 年乡镇人民代表大会制度的正式确立和乡镇人民代表大会的召开则正式将国家政权深深扎根于农村基层,国家政权对农村社会的渗透和控制进一步加强。而这也彻底改变了我国传统的农村政治结构，人民公社体制形成。在人民公社体制下，国家政权实现了对乡村社会最严格的控制，人民公社变成了国家五级行政机构中的一级。在此体制下，村庄一级完全受公社的指挥，包括生产队长的任命、生产计划的制定以及村庄生活的各个方面。虽然生产大队不是一级正式的政府机构，但是其结构、职能以及运作方式基本类似于"第六级政府"（陈锡文、赵阳、罗丹，2008）。农村地区的人民公社体制一直延续到 20 世纪 80 年代。也正是随着人民公社制度的全面铺开，乡村建立起了政社合一的政治、经济、社会管理体制，"政社合一"的管理模式基本形成。

在一元结构模式下，采用的是纯粹的传统"管理"手段，而随着基层治理中参与结构维度的增加，以及治理理念向中国的引入，现代治理手段逐渐应用到乡村治理中。因此，以区别于"治理"的"管理"为特征的一元结构模式可称为"一元结构的管理模式"。

4.2 二元结构的传统模式

实行村民自治制度以来，农村基层有两个合法性来源不同的权力主体：一个是依据中国共产党党章组织起来的村党支部，一个是按照《中华人民共和国村民委员会组织法》由村民直接选举产生的村民委员会，由此，村庄层面便形成了两个权力主体，也形成了乡村治理的"二元结构传统模式"。以村党支部书记和村民委员会主任之间的关系调整为主线，二元结构的传统模式又表现出三种具体形态。

第一，"各自为政"模式。虽然相关法律和政策规定村党组织和村民自治组织之间是领导和被领导的关系，但是，村党支部强调党支部对村务工作的领导权，村民委员会要求行使法律规定的该由村委会决定的各项村务管理权。而村务管理权和村务领导权在很大程度上是重叠的，如村务决策权、公章使用和管理权、财务审批权等。如此，两者之间的职责权限不明晰，书记、主任能力强弱不同，村"两委"各自为政、相互争权，成员之间也形成了分庭抗礼的格局（郎友兴，2015）。"两委"关系紧张导致的诸如财务混乱、村务荒废、村政失控等现象屡见不鲜，甚至引发一些恶性案件或群体性事件，成为严重影响农村社会稳定和发展的关键性因素。在少数地方，这种矛盾和冲突甚至演变为村民与政府的直接对立和冲突（俞可平，2007）。当然，这种模式主要出现在村民自治制度实施的初期，在现实中并不普遍。

第二，一元主导模式。在这种模式下，村党组织或村民委员会完全主导着村庄的治理格局。按照《中华人民共和国村民委员会组织法》和党章的有关规定，村民委员会发挥自治功能，村党组织在村民自治框架内发挥领导核心功能和组织功能，两者各负其责，确保村民自治在党的领导下有序进行。然而实践中，尤其是在村民自治实践初期，在村"两委"争权力、比高低的此起彼伏的斗法中，一些地方出现了一方主导、另一方完全被动、甚至形同虚设的"斗争"后果。村党支部和村民委员会一方独大、一家说了算的情况均有存在。

第三，二元合作模式。在这一模式下，村党组织按照规定充分发挥好领导核心和组织领导的作用，同时支持和保障村民自治组织民主权利与管理职权规范有序运行，如通过发挥服务功能、利益整合功能、指导具体工作开展等方式间接或直接地推进村民自治有序进行。村民委员会在村级党组织的支持下为村民提供所需的公共产品、公共服务，并开展村级社会治理。当然，村级党组织和村民自治组织良性互动并实现有效治理，是乡村治理的一种理想状态，实践中更多的是介于上述第一种和第二种模式之间的状态或第二种模式。

鉴于村"两委"之间的紧张关系，学者们提出了两种可行的解决途径：一是降低或加强村党支部的传统权威，使村委会或党支部在乡村治理中发挥首要作用；二是整合村"两委"的核心成员，使其合而为一成为一个统一的乡村治理权威。这两种操作方式在 2001 年村民委员会换届选举中都被推广使用，也直接关联于上述三种具体的形态模式。统一治理权威的形成，减少了村"两委"成员职数，减轻了农民负担和财政转移支付压力，增强了村"两委"协同配合。但"党政不分"也容易导致"一言堂"，出现"一把手"滥用权力、独断专行，影响农村基层治理效果，导致如山东省烟台市栖霞市 57 名村委会主任、委员集体辞职的后果。为进一步协调、理顺农村基层"两委"关系，改善农村基层治理结构，2002 年 7 月

14 日，中共中央办公厅、国务院办公厅联合发布《关于进一步做好村民委员会换届选举工作的通知》，针对各地农村"两委"关系存在的问题，要求改进"两委"成员的构成，实现交叉任职；通过四个"提倡"，扩大党支部书记及支部委员的群众基础，增强其管理村务的合法性，改革农村基层治理结构。随着实践的不断发展，很多地方把村党组织的领导纳入村民自治的制度设计之中，通过新的途径与村民自治组织开展横向协作，实现党的领导核心与村民自治中心的统一。具体途径有：其一，村党组织召集"两委"联席会议，改变党组织"俯视"其他村级组织的做法，真正把村委会看作村庄治理的主体之一，"平视"村民自治组织；其二，村党组织通过兼任村民委员会主要负责人，与村民自治组织形成互动（交叉任职）；其三，党员以村民身份参与民主管理，发挥利益综合功能。

新时代新形势下，为进一步理顺村级党组织和村民委员会之间的运行机制，2018 年中央 1 号文件规定，"推动村党组织书记通过选举担任村委会主任。"2019 年中央 1 号文件进一步规定，"全面推行村党组织书记通过法定程序担任村委会主任，推行村'两委'班子成员交叉任职。"2020 年中央 1 号文件再次明确，"在有条件的地方积极推行村党组织书记通过法定程序担任村民委员会主任。"2021 年中央 1 号文件又一次突出强调了这一要求。截至 2021 年 6 月，全国超过六成村党组织书记兼任村委会主任。

4.3 多元结构的发展模式

中国经济社会的快速发展催生了乡村多元治理主体和多元结构发展模式。这不仅构成了乡村治理的多元架构，也意味着权力的分解，构成了多种可能的权力格局。从乡村治理的运行实际看，组织上的分设和权力上的分割并不意味着人员上的不同，一身两职或多职的情况在村庄人事安排中很普遍。这些现实状况使乡村的权力分割不可能清晰和明确，相反，只会使乡村社会的权力分割和权力网络更加复杂（刘金海，2016）。这些既分割、又纠缠的组织和权力，促进了乡村治理模式的发展，并呈现以下三种具体形态。

第一，合作协同模式。多元治理主体的存在，加之"熟人社会"特点决定了乡村的最佳治理方式不应是强制和命令，而是说服和合作，即通过上下左右互动的管理过程，实现权力运行向度的多向化，实现政府与民众、基层干部与民众、民众与民众之间的合作。从实践来看，在农民经济自主权诉求增加、政治参与意识增强、社会服务需求增加、精神需求拓展的背景下，当前中国乡村治理的各类组织通过行政命令、说服教育、政治动员、法律强制、自愿合作、经济激励、精神鼓励等治理方式，在异质多元的基础上实现协同合作，实施对村庄公共事务的治理。如"合作治理"（张润君，2007）、"合作共治"（于水、杨萍，2013）、"协商治理"（胡永保、杨弘，2013）、"民主协商"（季丽新、张晓东，2014）、"协商共治"（鲁可荣、金菁，2015）等形式，都是对合作协同治理模式的不同观察和总结。这种协同合作理念不仅表现在村民自治领域，也体现在农村基层党组织的治理过程中。农村基层党组织的运行方式逐渐由"行政化"向"政党化"、指令型向引导型、指挥型向示范型、管制型向服务型转变，通过"引导"动员群众、"服务"凝聚群众、"示范"带领群众，最大限度发挥党做群众工作的优势，实现党组织的功能。

第二，"多头自主"① 模式。从相关法律和政策来看，乡村治理组织主要由领导组织、决策组织、执行组织和监督组织组成，它们之间的协调和合作运行，是乡村治理的理想状态，即合作协同模式。但运行过程中各组织之间的矛盾和冲突经常发生，联动性和协同性较弱，促进良好治理绩效的合力还没形成。上述传统模式中提到的村级党支部与村民委员会之间的"夺权"斗争，便是组织间运行协调不力的表现，也是更多组织不能有效合作的诱发源头。各类组织是否有足够的能力支撑自己的职责和使命，也是影响组织合力形成与否的重要因素。如在乡村治理中具有重要角色功能的农村集体经济组织，因"空壳"状态、"无钱办事"而管理权威和服务功能弱化，这类集体经济组织占全国集体经济组织的 53.4%，在中西部地区这类组织占比更是高达 80%～90%②。此外，"党、政、经"边界

---

① 借鉴《多头政治》的表述，本书将多元主体不能协同治理的模式称之为"多头自主"模式。

② 此数据为 2018 年数据。

不分、权力高度集中强化了政治权、自治权和经济支配权的转换关系，使社区组织边界趋于封闭，使得协商议事等治理创新面临形式化风险（郎晓波，2016）。于是，类似于国家治理层面的多头管理、"九龙治水"、职责不清等现象出现在乡村治理的实践中。

第三，"宗族主导"模式。宗族势力在很多地方都成为乡村治理的重要影响力量，不妨称之为"宗族主导"模式。一方面，宗族凭借其极强的内部认同、组织能力和行动能力，发挥正向的辅助作用。例如在广东清远，几乎所有自然村都是宗族性的单姓村，宗族发挥其号召力和组织力，辅助自然村成功整合资金，并以整合的资金为基础调动农民投资投劳建设村庄，最大限度发挥了整合资金的作用，包括提高村民积极性和吸纳财力劳力的作用（贺雪峰，2017）。另一方面，宗族势力具有潜在的负面影响。传统宗族复兴，影响甚至主导村庄选举与权力分配，导致"宗族治村"（刘金海，2016）。有研究发现，大宗大族成员在选举竞争中更易当选为村委会成员（王麟、陈沭岸，2014）；有的村庄中，宗族大姓一直参与并控制着村庄权力（孙昌洪，2007）；有的村庄中，宗族事务与自治事务混杂，村庄内部的大姓与小姓的矛盾增加（贺雪峰，2017）。新时代在实施乡村振兴战略的大背景下，"新乡贤"将引导成为乡村善治的正面力量，为乡村振兴贡献更多正能量。

4.4　结构重配的"调试模式"

二元结构的传统模式是国家制度、法律、政策规定深植于乡村现实土壤的结果；多元结构的发展模式是应对多元化、细密化的参与需求、治理需求，以及多元化组织发展的结果。两者都是在现有治理结构内对不断变化的乡村治理需求的适应性调整。而"调试模式"突破了原有的治理结构框架，突破了原有的治理基础、治理区域和治理单元，是治理资源、治理组织和治理单元的重整和组合，是结构框架的调整和重构。从各地的改革实践看，结构重配的创新模式具体呈现两种形态。

第一，治理层级下移模式。治理层级下移模式是新近几年才出现的治理模式。城镇化背景下，村民小组（自然村）的资产管理和分配功能被强化，村民小组（自然村）一级的自治需求凸显。2014 年中央 1 号文件提出"可开展以社区、村民小组为基本单元的村民自治试点"后，2015 年、2016 年和 2017 年的中央 1 号文件均强调，"开展以村民小组或自然村为基本单元的村民自治试点。"2015 年 11 月 3 日中共中央办公厅、国务院办公厅印发的《深化农村改革综合性实施方案》（中办发〔2015〕49 号）同样强调，"在有实际需要的地方，依托土地等集体资产所有权关系和乡村传统社会治理资源，开展以村民小组或自然村为基本单元的村民自治试点。"为落实党中央的文件精神，广东清远和云浮、江西分宜和赣州、湖北秭归、云南大理等地，根据经济、地理、文化条件的不同，下沉自治层级，赋予了自治主体更大的空间和自由度，将广大人民群众的自治水平与创新能力提升到一个新高度，弥补了以往村委会作为自治组织的不足。就改革实践看，广东清远于 2012 年年底开始试点改革，将村民委员会和村级党组织下移到村民小组（自然村），在乡镇以下基本按原行政村建立片区公共服务站，将治理架构调整为"乡镇—片区（原行政村）—村（在一个或几个村民小组基础上设立村委会）"，实现了"自治下移、服务上浮、治管分离"。同年，湖北秭归按照"地域相近、产业趋同，利益共享、有利发展，群众自愿、便于组织，尊重习惯、适度规模"的原则，将村域范围划分为若干村落，以自然村落为单位划小村民自治单元，以村落"四长八员"为村民自治骨干，以"幸福村落创建"为平台，引导广大村民直接参与村组事务决策、管理、监督和自我服务，把村民组织落到实处。云南大理于 2014 年以重整村容村貌与革除陋俗需重建村规民约为契机，在自然村重建村民自治组织，利于表达村民需求和合理运用传统"地方性知识"，村容村貌整治与陋俗革除工作顺利完成、亮点频现。

第二，治理层级上移模式。治理层级上移意味着原有建制村层级的合并和重组，它出现的时间早于治理层级下移模式。它的出现最早源于 2004 年中央 1 号文件，"进一步精简乡镇机构和财政供养人员，积极稳妥地调整乡镇建制，有条件的可实行并村。"该文件出台后，山东省、江苏省、浙江省、湖北省、湖南省、四川省、重庆市、广东省、广西壮族自治区等，都陆续开展了村庄合并（刘金海，2016）。2015 年中央 1 号文件在对治理层级下移作出试点要求的同时，提出"继续搞好以社区为基本单元

的村民自治试点，探索符合各地实际的村民自治有效实现形式。"2015 年
11 月的《深化农村改革综合性实施方案》也同时规定，"在已经建立新型
农村社区的地方，开展以农村社区为基本单元的村民自治试点。"随着国
家文件的出台，各地也开展了探索创新。如江苏苏州在城乡一体化的改革
进程中探索政经分开的途径，将原来的"街道—居委会"调整为"街道—
社区服务中心—社区居委会"。社区社会管理责任由街道、居委会负责。
街道创新提出"中心＋社区"的新型治理模式，从一开始 7 个社区"一站
式"服务大厅，合并为 3 个社区服务中心，分别对应 2～3 个社区居委会。
社区服务中心负责行政事务和公共事业类的审批，社区服务、教育、宣
传、保障等职能归社区居委会。浙江省金华市金东镇的"赤松模式"亦属
该模式。它将全镇 40 个建制村归为 5 个区域，例如以山口冯村为中心村
联合周边 7 个村组建赤松山区域村域共同体（鲁可荣、金菁，2015）。

　　治理层级下移和上移的改革试点，都对基层治理结构体系进行了重组
和重配，有效协调了治理功能与治理结构、行政职能与自治功能、基层党
组织与自治组织、产权单位和自治单位的关系，切实调动了村民和社会组
织参与自治的积极性，有效回应了农民对于公共产品、公共服务提供和社
会事务治理的需求，取得了良好治理绩效。

本章参考文献：

陈天祥，2015. 多元权威主体互动下的乡村治理——基于功能主义视角的分析 [J]. 公共
　　行政评论（1）.

陈锡文、赵阳、罗丹，2008. 中国农村改革 30 年回顾与展望 [M]. 北京：人民出版社.

邓大才，2014. 村民自治有效实现的条件研究——从村民自治的社会基础视角来考察
　　[J]. 政治学研究（6）.

付建军，2015. 从民主选举到有效治理：海外中国村民自治研究的重心转向 [J]. 国外理
　　论动态（5）.

韩小凤，2014. 从一元到多元：建国以来我国村级治理模式的变迁研究 [J]. 中国行政管
　　理（3）.

贺雪峰，2017. 治村 [M]. 北京：北京大学出版社.

胡永保、杨弘，2013. 中国农村基层协商治理的现实困境与优化策略 [J]. 理论探讨（6）.

季丽新、张晓东，2014. 我国农村民主协商治理机制的实际运行及优化路径分析 [J]. 中国行政管理（9）.

郎晓波，2016. "人口倒挂"混居村的自治组织边界重建 [J]. 西北农林科技大学学报（社会科学版）（9）.

郎友兴，2015. 走向总体性治理：村政的现状与乡村治理的走向 [J]. 华中师范大学学报（人文社会科学版）（2）.

李长健、李曦，2019. 乡村多元治理的规制困境与机制化弥合——基于软法治理方式 [J]. 西北农林科技大学学报（社会科学版）（1）.

刘金海，2016. 宗族对乡村权威及其格局影响的实证研究 [J]. 东南学术（1）.

鲁可荣、金菁，2015. 从"失落"的村民自治迈向有效的协同共治——基于金华市乡村治理创新实践分析 [J]. 广西民族大学学报（哲学社会科学版）（3）.

渠敬东、周飞舟、应星，2009. 从总体支配到技术治理——基于中国 30 年改革经验的社会学分析 [J]. 中国社会科学（6）.

孙昌洪，2007. 江汉平原宗族势力对村治的影响分析 [J]. 当代经济（4）.

王春光，2015. 迈向多元自主的乡村治理——社会结构转变带来的村治新问题及其化解 [J]. 人民论坛（14）.

王麒、陈沭岸，2014. 南方农村宗族社会与农村基层选举 [J]. 辽宁行政学院学报（4）.

邢成举，2009. 统筹城乡与乡村治理的多元主体：兰考实证 [J]. 重庆社会科学（12）.

于水、杨萍，2013. "有限主导—合作共治"：未来农村社会治理模式的构想 [J]. 江海学刊（3）.

俞可平，2007. 中国农村治理的历史与现状：以定县、邹平和江宁为例的比较分析（中）[EB/OL]. 中国农村研究网，http://www.xhfm.com/2007/0514/1585.html.

张润君，2007. 合作治理与新农村公共事业管理创新 [J]. 中国行政管理（1）.

第 5 章　乡村治理进入多元共治的新阶段

适应于乡村社会变迁及其对乡村治理适应性调整的需求，多元主体共同参与乡村治理成为当前我国乡村治理的显著特征。近些年中央层面的相关文件和政策对乡村多元共治也多有表述，如"党委领导、政府负责、民主协商、社会协同、公众参与、法治保障、科技支撑的社会治理体系"，"形成共建共治共享的乡村治理格局"，等等。结合已有学术文献、相关政策表述及实践探索特征，本书认为，可从党的领导、政府主导、农民主体、社会协同四个维度界定和描述当前我国乡村多元共治的制度特征。

5.1 "多元"成为新时代乡村社会的定义性特征

伴随着中国城镇化、工业化、市场化的快速推进，农村人口社会流动性显著增强，农民不再是一致的均质性社会群体，农村也不再是单一的同构性社会，农村社会结构发生了深刻的变化。"多元"是当前我国乡村社会的最主要特征。

5.1.1 多元异质主体蓬勃生发

人类历史正在经历前所未有的多元化、个性化、开放性、流动性等新变化，特别是社会生活中的高度复杂性和高度不确定性，正在重塑人的行为模式。在村庄层面，由于人口流动性的增加和经济的快速发展与增长，部分村民由于经济实力增强而在村庄中取得相应的影响力和话语权，尤其是税费改革及村民自治使得国家对村庄的行政控制减弱，乡村社会和乡村利益主体因而不断分化重组，农民合作组织、社会团体、经济能人和宗教宗族势力等体制外精英相继涌现，并取得参与村庄利益分配的资格，从而对村庄治理产生影响。当前中国农村治理的治理主体包括但不限于以下七类。一是村级党组织即农村党支部。农村党支部及其成员在乡村治理中处于核心领导地位。二是村民自治组织。村民自治组织通常指村民委员会，村民委员会及其村干部在村民自治中行使基本执行者的角色。为顺应治理需求的变化，村民自治组织也日渐细密化和精致化。在村民自治组织体系上，生发出了以村民委员会和村民小组为主的管理执行机构，以村民大会和村民代表大会为主的决策议事机构，以村务监督委员会和村民民主理财小组为主的监督机构（刘宁，2013）。三是各种农民自发成立或政府倡导成立的民间组织。包括：农村中的宗族和家族组织、庙会组织等；经济性组织，如农民专业合作社、进驻龙头企业等；互助性的公益组织，如青苗会、农林会、积善堂等；辅助性的自治组织，如治安会、巡逻队、民兵组织、计划生育协会、老年协会等。四是基层民众。分为普通村民和农村精英（俗称的乡贤、新乡贤、乡绅、能人）。基层民众的积极参与是实现农村治理的基础，他们的素质、能力、参政热情直接决定着治理绩效。五是乡镇干部。作为党和政府各项政策的执行者，他们的知识能力、政策观念和服务意识是影响基层治理的关键因素，有学者称他们为"战略性群体"。六是驻村干部。在现行的村治模式中，党和政府向各村派出党政官员，如"第一书记"，直接参与村级治理。驻村"第一书记"为农村发展建设注入了活力，在解决一些村"软、散、乱、穷"等长期未能很好解决的突出问题、强化党对农村社会的领导、推动富民强村、促进农村改革发展和谐稳定以及培养锻炼干部等方面都起到了积极的作用。七是农村黑恶势力。普通村民有时会通过寻找代言人、依附于其他势力或抱团等形式来表达或实现自己的利益诉求。行政控制的减弱导致压制力量逐步消失，农村社会边缘群体因此逐步崛起，他们通过暴力或无赖的方式在村中占有一席之地。虽是一种消极力量，他们却构成了村治的参与主体之一。通过正确引导、教育和示范，也有成为正能量的可能性。在调研中我们曾发现过这样的案例，如湖北省荆州市沙市区枪杆村，经过村"两委"的耐心说服和引导指导，服刑回乡人员、无赖人员等成长为村庄产业发展能手。

5.1.2 理性主导下的多元主体的多元利益诉求错综交织

多年的市场经济发展和社会结构变迁，造就了中国社会思想文化的多元化、利益的多元化和社会需求的多样性。在中国广大的农村社会，城镇化与农业现代化所产生的新的生产方式与新的生活方式已经催生出超越传统阶层社会的新的社会阶层。在历次改革和市场化的冲击下，乡村治理环境由费孝通先生提出的"熟人社会"转变为"半熟人社会"。在"半熟人社会"中，人与人之间的熟悉程度降低，乡村传统规范日渐难以约束村民行为，村民的村庄主体感逐步丧失，农村社会日益呈现"原子化"状况，村民之间的人际关系趋向理性化，村庄社会呈现多样性、利益诉求呈现多元性。有研究认为，上级政府、村"两委"、一般村民、体制外精英和村庄外部力量是村庄治理的五类异质行动主体，他们有着完全不同的利益诉求：县级和乡镇政府的主体目标是各项工作任务得到有效落实；村支书力求让上级放心、群众满意，自身得到发展；村委会希望在党的领导下充分享有自治权；一般村民追求美好生活；体制外精英欲求有效参与治理并实现自我价值；村庄外部力量寻求认同，为村庄发展提供动力（谢元，2018）。社会力量正经历动态调整，新生力量正在顽强地表达着自身权力。不同利益群体（或利益集团）的利益诉求和维护权益的行为，使得基层公权力面临愈发严重的挑战。

5.1.3 多元主体互动呈现动态复杂变化特征

随着外来文化和城市文明的传播，广大农民的价值观念和意识形态结构不断趋于丰富和多元化，农民的价值观也日趋多元化和复杂性。尤其是随着经济社会发展水平的不断提高和群众需求从"物质文化"向"美好生活"的转变，村民在精神文化、公共产品和公共服务及社会价值等方面的需求越来越突出，他们渴望有丰富的文化体育生活，有地方听戏、打牌、运动、跳舞；渴望能够享受更好的教育、医疗服务和社会保障待遇；渴望自身的权益能够得到充分保障，拥有更充足的公平感和安全感。当前的乡村社会，农民的竞争意识、开放意识和自主意识不断增强，村民之间交往、村干部开展工作时所依赖的人情、面子等因素虽仍起到一定的作用，但影响力明显降低，理性衡量后的利益因素逐渐成为支配村民行为的主导。随着经济社会发展等外部环境的不断变化，以及因持续进行的迁移、教育培训、视野开阔等带来的内在人力资本的不断提升，经过理性分析和判断的利益诉求也处于不断变化和持续增加的状态。动态变化的、代表不同利益诉求的多样性的"农民"不停游走在城市与乡村之间，使得这种动态变化持续复杂化。

5.2 乡村治理进入多元共治的新阶段及其制度优势

乡村治理中，治理主体是关键，也是学界的关注重点。正如本书开篇所述，虽然目前对乡村治理主体诸多问题的研究观点仍存在争议，对中国乡村治理阶段的认识有所不同，对乡村治理结构的界定和认知也有所区别，但对于乡村多元共治的治理格局已基本达成共识。从中国村治制度优势的视角审视，党的领导、政府主导、农民主体、社会协同，无疑是中国农村治理最大的特点和优势。这一优势特征，有力地推动了基层民主的发展进程，有效实现和保护了农民当家作主的权利。

5.2.1 党的领导

农村基层党组织是中国共产党在农村的基层组织。农村基层党组织的组织形态与结构设置、运行方式与运行机制决定了其核心领导功能的发挥。近些年来，中央持续加强农村基层党组织建设，农村基层党组织的核心领导作用不断强化。

5.2.1.1 农村基层党组织的组织形态与结构设置

我国农村基层党组织根据不同历史时期的不同特征在组织形态和结构设置方面进行自适应调整，并保障了其各项功能的充分实现。

（1）农村基层党组织的组织形态。据《中国共产党党内统计公报》统计显示，截至 2021 年 6 月 5 日，491 748 个行政村已建立党组织，覆盖率超过 99.9%。农村基层党组织已成为党在农村执政的重要基础。作为农村治理的生力军和骨干力量，农村党员和党员干部队伍的持续建设与不断调整对于农村基层党组织的功能发挥和农村治理具有重要意义。一是党员规模及其结构与能力不断建设和优化。改革开放以来，随着农村经济社会条件的不断完善和新型城镇化、农民工市民化的不断推进，包括党员在内的农村劳动力流动频繁，部分农村基层党组织出现了自身建设乏力、结构性功能退化的现象。以消除结构性障碍为目标，以提高质量和素质为重点，我国农村基层党组织形成了更新、调节机制，不断强化农村党员队伍建设、优化党员队伍整体结构。建设和优化路径包括：①严把党员"入口关"，疏通党员"出口关"，保证党员质量。例如，长沙市岳麓区积极探索发展党员"三三制"，即三项量化积分检验综合素质，三级培养考察严格组织程序，三次差额投票衡量群众基础，保证了党员发展质量。②加强教育和培训，提升党员队伍的整体素质与能力。③坚持农村党员主体地位，保障农村党员民主权利。当前我国农村基层党组织的党员发展稳定，党员素质提升、结构趋于合理。

二是党员干部队伍结构和能力不断建设与优化。党组织以优化班子结构、调动积极性为目标强化农村基层领导班子建设，突出表现在两个方面。①拓宽农村基层干部来源，精选优秀基层党员干部。以明确责任、考核监督、保障服务为重点，选拔优秀党员担任村党组织书记，推进选聘高校毕业生到村任职工作，鼓励转业退伍军人到乡、村工作，及时调整软弱涣散农村基层党组织班子，同时切实解决农村基层组织负责人基本报酬和社会保障问题。②以提升农村党员干部能力为重点，培养和造就有能力、有威望的农村基层党员干部。主要围绕发展乡村产业、增加农民收入、建设美丽宜居乡村、维护乡村社会稳定的中心工作，提高农村党员干部的推动发展能力、政策执行能力、服务群众能力和促进社会和谐能力。

（2）农村基层党组织的结构设置。要最大限度发挥农村基层党组织的功能，必须改进和优化党组织的设置形式。自1927年红军"三湾改编"后，我们党就确立了"支部建在连上"的原则，受其影响，我国基层党组织长期以来是以行政村党组织为主体、以"乡镇党委—村党支部"为骨干架构的垂直式的组织架构格局。改革开放后，农村经济和政治结构发生巨大变迁，农村社会结构、组织形式、就业方式、利益关系和分配方式日趋多样化，各类新型经济组织涌现，村民个体多样化发展，村民选择"离土"、"离乡"、跨省市地奔向市场、奔往都市，农民党员出现分化和重组，农村基层党组织的发展陷入困境。为适应党员队伍变化、应对农村经济结构变动和村党组织整合农村社会的需要，各地积极探索实践，突出多样化和网络化，提高适应性和功能性，拓展组织设置形态。①根据农村行政区划的变更调整组织设置，具体设置形态包括：在行政村建立基层党委或党总支；设立片总支或区域中心党组织；在村民小组中设立党支部；以自然村为单位建立党组织；建立农村功能党小组。②根据农村产业和行业变化调整组织设置，即在乡村企业、行业协会和农村产业链上建立党组织。③根据农村党员区域和职业流动调整组织设置，如在农村社区、农民工集聚区建立党组织，或者单独建立流动党支部。④农村各党组织之间联合组建党组织，如村村联建、村企联建、村居联建、村所联建。

5.2.1.2　农村基层党组织的运行方式与运行机制

农村基层党组织的功能实现与其运作方式相辅相成，正确适当的运作方式会有力地促进农村基层党组织功能的充分实现，反之，则阻碍其功能实现。改革开放以来，国家在农村的制度安排出现重大转变，如乡镇政权的恢复、农业税的全面取消、家庭联产承包责任制的推行、村民自治的实行，农民的经济自主权和政治自主权随之扩大，农村出现"千年未有之变局"，这种变化要求农村基层党组织的运行机制进行适当调整，治理模式由纵向垂直指令型、封闭集中型转变为纵横互动型，以与农村治理新模式相融合，从而更好地发挥农村基层党组织的功能作用。在农民经济自主权诉求增加、政治参与意识增强、社会服务需求增加、精神需求拓展的背景下，农村基层党组织的运行方式也逐渐由"行政化"向"政党化"转变，由过去的指令型向引导型、指挥型向示范型、管制型向服务型转变，通过"引导"动员群众、"服务"凝聚群众、"示范"带领群众，最大限度发挥我们党做群众工作的优势，实现党组织的功能。

一是协调好农村基层党组织与其他基层党组织的关系。①强化农村基层党组织与其他农村基层党组织的横向联动。加强各类农村基层党组织之间的横向交流与互动，有利于各类资源的整合与共享，有利于组织效能的提升，从而有利于实现农村基层党组织的整体功能。乡镇党委之间、行政村党组织之间以及乡镇党委与村组织之间的联动是各类农村基层党组织横向联动的基本路径。②强化农村基层党组织与城市基层党组织的横向协作。建立健全城乡党的基层组织互帮互助机制和城乡一体党员动态管理机制是二者之间的基本协作路径。为做好农村流动党员的管理工作，在城乡党组织协作的框架下，对于集中流动的农村党员，有的地方委托城市基层党组织实施领导；对于分散流动的党员，有的地方农村基层党组织与城市基层党组织对务工地点变动频繁、居住地不集中的党员共同管理；有的地方探索建立城乡流动党员"联建联管"模式，实行双向联系、双向沟通、双向管理，形成纵横交错的城乡党组织信息网络。例如，河南省郑州市金水区建立了党员智能管理系统，用智能卡替代流动证，以区域为主，以街道社区为依托，建立农村流动党员的活动场所。党员智能管理卡实行全区统一编号，农村党员通过刷卡参加城市社区党组织的政治、业务学习和其他活动，实现党员教育、管理、服务"一卡通"。

二是协调好农村基层党组织与农村集体经济组织的关系，发展壮大农村集体经济。我国农村集体经济比较薄弱，尤其落后农村的集体经济基本处于"空壳"状态，"无钱办事"的问题较为突出。为强化其功能，提高其威信，农村基层党组织探索发展壮大农村集体经济，妥善处理与集体经济组织的关系。①农村基层党组织尊重集体经济组织的经济实体地位，把握农村基层党组织与集体经济组织的职责权限。②找准农村基层党组织领导集体经济组织的切入点，农村基层党组织重在领导集体经济组织的资产运作，或根据实际情况推行党组织与集体经济组织交叉任职，同时加强对农村集体经济组织的干部管理与培训。近年来的中央文件一再强调，向集体经济薄弱村派驻"第一书记"，推动村党组织书记兼任村级集体经济组织负责人，发展壮大农村集体经济，加强村级组织运转经费保障。目前超七成村党组织书记兼任村级集体经济组织负责人。

三是协调好农村基层党组织与农村经济组织的关系。近年来农村新型农业经营主体蓬勃兴起并呈"井喷式"发展状态，改变了农村治理结构，影响了农村基层党组织的功能发挥。新型农业经营主体的出现和发展要求农村基层党组织作出回应，根据情况变化适时调整治理方式。为此，农村党组织做了以下探索：①强化新型农业经营主体的党建工作，一方面，依托新型农业经营主体的组织管理优势，增强党员教育的实效；另一方面，农村基层党组织向新型农业经营主体推荐党员干部，通过党员凝聚群众。

②引导和培育新型农业经营主体发展。一方面，农村基层党组织领办新型农业经营主体，提高农民的组织化程度，从而改善农村基层党组织对新型农业经营主体的领导；另一方面，农村基层党组织引导新型农业经营主体完善经营管理机制，提高经营绩效。农村基层党组织在政治领导和经济引领中实现其功能发挥。

关于如何协调好农村基层党组织与村民自治组织之间的关系，第 4 章已有阐述，在此不再赘述。

5.2.1.3　农村基层党组织在改善农村治理中的功能作用

从政党功能的角度来讲，农村基层党组织的功能是政党功能在农村基层的延续，主要功能包括两个方面：一是作为党在农村各种组织和各项工作的领导核心，农村基层党组织具有领导核心功能；二是作为政党组织，农村基层党组织具有政党的一般功能，即（社会）服务功能、利益整合（利益表达与利益整合）功能、组织整合（政治录用）功能、意识形态整合（政治教化与社会稳定）功能。依据新形势下基层党组织应承担的责任以及在村民自治中的功能定位，农村基层党组织在农村治理中的功能可归纳为其在村民自治中的领导核心功能和保障村民自治顺利开展的功能。

（1）农村基层党组织在村民自治中发挥领导核心功能。所谓领导核心功能，指党组织在社会各类组织中处于主导作用，在活动中能够获得其他力量的支持，对各项工作具有决定权，其行为效果对党外各群体、各党派组织具有向心力，能够引领群众和凝聚人心。农村基层党组织的领导核心功能，从动态角度反映了中国共产党在农村社会的动员和组织能力的范围与绩效，从静态角度反映了党组织与农村群众的和谐状态。农村基层党组织的领导核心功能发挥具有前提条件：广大群众的社会认同和政策法律的制度支持。中共中央 1999 年 2 月印发的《中国共产党农村基层组织工作条例》，对农村基层党组织的地位和功能做了界定，即"乡镇党的委员会和村党支部是党在农村的基层组织，是党在农村全部工作和战斗力的基础，是乡镇、村各种组织和各项工作的领导核心。"这些法律政策是对农村基层党组织的制度化支持。2019 年 1 月中共中央再次印发《中国共产党农村基层组织工作条例》，同时废止 1999 年 2 月 13 日印发的《条例》，并进一步强调，"乡镇党的委员会（以下简称乡镇党委）和村党组织（村指行政村）是党在农村的基层组织，是党在农村全部工作和战斗力的基础，全面领导乡镇、村的各类组织和各项工作。必须坚持党的农村基层组织领导地位不动摇。"这种法律支持是农村基层党组织实现自身功能、服务群众的一种手段。在村民自治的法律框架下，农村基层党组织不仅要存在，而且要担负领导核心功能。当然，领导核心功能有一定的边界。在村民自治的制度框架下，村党组织的领导核心功能不是通过"划船"、具体干预来实现，而是靠"掌舵"发挥作用。农村基层党组织在农村治理结构中居主导地位，但主导不等于排他，不意味着是唯一的治理主体。

农村基层党组织的领导核心作用在村民自治中得到进一步强化。观察20世纪80年代以来的村民自治，不难发现，农村基层党组织在村民自治中的决定性作用不但更加明显和更加强大，而且更加充分和更加完备。乡村治理作为整体社会政治变革的一种基层和基本路径，是主动设置的议程，是我国推进民主政治发展的一项战略安排。以村民自治为核心的农村治理变革，发端于中国农村自发的民主实践，是农民自发组织的结果，但作为一场全国性的治理改革运动，村民自治完全是党和政府自上而下推动的结果。党和政府通过建章立制，从制度上规范、约束、引导着乡村治理的结构、功能和方向的调整变化，例如《中华人民共和国宪法》《中华人民共和国村民委员组织法》等的引领作用；基层治理的精英人物依然是由党和政府控制的；政府官员直接驻村参加村级治理；政府为基层治理提供财政保障；政府定期对村干部进行培训和教育，等等（陈家刚，2015）。也就是说，政府直接推动了包括村民自治在内的农村治理变革，党和政府依然主导着制度变迁的进程。

（2）支持和保障村民自治组织民主权利与管理职权规范有序运行，进而实现其领导核心功能。农村党支部在村民自治中的领导作用在1998年颁布的《中华人民共和国村民委员会组织法》中被明确地以法律形式确定下来："中国共产党在农村的基层组织，按照中国共产党章程进行工作，发挥领导核心作用，依照宪法和法律，支持和保障村民开展自治活动直接行使民主权力。"即使后来2010年和2018年宪法先后两次被修订，农村基层党组织在村民自治中的核心领导地位及其对村民自治的支持和保障功能不变、甚至更加强化。一是农村基层党组织通过相关功能的发挥间接支持和保障村民自治有序推进。服务功能方面，围绕党在农村的中心工作，即发展农村市场经济、增强农村的开放性、增加农民收入、实现农村全面小康、推进乡村全面振兴，探索寻找农村党建工作与经济社会发展的结合点并在推动农村经济社会发展中实现服务功能，为村民自治奠定良好的经济条件。利益整合功能方面，农村基层党组织通过发挥利益表达、利益综合和利益实现功能对社会各阶层纷繁复杂的利益关系进行调节，实现对社会利益的有效整合：使党在农村的政策、方针能够最大限度地体现农民的利益，使农村重大问题的决策更具科学性和包容性，从而有效调节农村地区的利益关系，为村民自治和"四个民主"奠定良好的群众基础。组织整合功能方面，农村基层党组织通过发挥自身的政治录用功能，源源不断地向党的组织和国家机关输送基层的优秀人才，加强各组织间的协商与对话，有效地化解各组织间的矛盾与冲突，为农村社会的和谐稳定创造条件，为村民自治奠定了良好的社会条件。二是农村基层党组织通过指导具体工作直接推进村民自治有序开展。农村基层党组织的功能实现过程，同时是村民自治不断发展的过程，也是村党组织的主导性与村民自治的自主性良性互动的过程。主要表现在：①村党组织支持和保障村民依法开展自治活动、村民委员会依照国家法律法规及自治章程充分行使职权；②通过重大事项决策建议权的方式指导村民自治，与自治组织一道讨论决定本村经济建设和社会发展中的重要问题，做好精神文明建设和社会治安等；③利用党的组织资源管理村干部，对党员进行教育和监督，负责村、组干部和村办企业管理人员的教育管理和监督；④指导村民会议或村民代表会议的机构设置，为村民代表的推选与结构优化提供规制；⑤村党组织与村民委员会共同治理村庄事务，需要由村民委员会、村民会议决定的事情，由村民委员会、村民会议依照法律和有关规定作出决定。

5.2.2　政府主导

政府主导是中国农村治理始终贯穿的主线，主要涉及的是与农村生产和生活密切相关的公共产品供给问题。农村公共产品和公共服务的提供，主要是由政府发挥资源配置功能而实现的。

5.2.2.1 政府主导的农村公共产品和公共服务供给机制

家庭联产承包责任制以来，我国农村公共产品和公共服务的制度安排和供给机制变迁大体上经历了三个阶段。一是以政府供给为主、村民自治组织和农民个体供给为辅的供给模式（1978—1988 年）。家庭联产承包责任制的实施，使农民获得了对农业生产剩余的控制权，也从根本上改变了人民公社时期的政治、经济关系（邓大才，2000）。就农村公共服务的资金来源和筹资渠道看，随着乡镇政府人民政权的恢复和村民自治组织村民委员会法律地位的确认，国家财政和乡镇筹资成为农村公共服务的主要筹资渠道。乡镇财政收入主要有三种途径：国家预算内资金，即上级政府的制度内划拨；预算外资金，即乡政府依照所有权获得的经济剩余，例如租金或者利润等；自筹资金，即乡政府直接征收。但由于乡政府的财政支出和获得资金的范围十分有限，乡镇范围内的部分公共服务事业都属于制度外公共服务，此时独立的生产经营者——农民成为公共服务体系支出成本的主要承担者。总体而言，这一时期，由于国家正处于社会转型时期，财政十分紧张，政府对农村的政策主要是保障农村的稳定以及改善农产品生产及消费状况，国家财政对农村公共服务的整体投入不足。就农村公共服务的供给主体和供给模式看，"乡政村治"模式下，除了县以上的各级人民政府是农村公共服务供给的主体之外，农村公共服务供给主体更加多元化，乡镇人民政府、村民委员会以及村民都以不同的身份成为农村公共服务体系的参与者，也成为这一时期农村公共服务体系的主体。农村公共服务不再只由中央政府全部供给，而是在政府供给的过程中形成了政府分层供给的局面，也就是以政府供给为主、以村民自治组织和私人供给为辅的供给制度。

二是以国家支持为主、自力更生为辅的供给模式（1988—1999 年）。在这一阶段，1994 年的分税制改革对农村公共服务供给制度产生了深刻影响。就农村公共服务的资金来源和筹资渠道看，分税制改革后，中央政府对地方的财政控制能力大为增强，地方可支配财政力度也迅速下降。由此造成"财力上收、支出下移"的情况，致使处于行政链条最底端的乡镇基层政府陷入财政困境当中，也造成农村公共服务的制度外供给状况。处于基层的乡镇政府提供农村公共服务的事权与其短缺的财权形成完全不对称的格局，乡镇政府只好直接向农户收取费用去完成制度外筹资，农民负担加重。主要体现在税收、"三提五统"以及各种筹资、摊派。就农村公共服务的供给主体和供给模式看，公共服务供给偏向城市的国家发展战略，带来公共财政在农村缺位的现象，突出表现在农业基础设施、义务教育、医疗卫生、社会保障以及农村生态环境的恶化。同时，分税制改革留下的漏洞使得各级政府的收支压力层层传递，最后压在了乡镇政府，导致乡镇政府财力削弱。为了满足公共产品的需要，乡镇政府只好向农民筹措资金。农村用于公共服务的资金事实上来自于农民的各种税收，农村公共服务的供给主要是靠农民自筹自建自用来实现。因此，这一时期，农村居民生活向小康迈进与农村公共服务短缺并存，"国家支持为主、自力更生为辅"成为农村公共服务供给模式的主要特征。

三是以政府为主、多元化供给为辅的供给模式（2000年以后）。从2000年的税费改革到2004年的全面取消农业税，都对农村公共服务体系产生了深远影响。党的十六大之后，党和政府更加关注三农问题，"工业反哺农业，城市支持农村"的发展战略出台，国民经济收入分配结构和财政支出向农村地区倾斜，农村公共服务的内容逐步丰富、覆盖面不断扩大。突出表现为：在"多予、少取、放活"的方针指引下，多项支农惠农政策相继颁布和实施；"三取消、两调整、一改革"政策的实施从根本上改变了农村公共服务的供给方式、筹资方式和供给主体。农业税费改革为农村公共服务的发展奠定了基础。它打破了农村长期的传统制度安排，在一定程度上触动了城乡二元结构，不仅使农业税从少取变为不取，而且还促使国家对农民的全方位多予。这也在一定程度上打破了农村事情农民自己办的传统思想和制度安排，促进了农村公共服务体系的完善，带来了农村医疗卫生、义务教育、社会保障等社会事业和公共服务供给机制的重大变革。从农村公共服务的资金来源和筹资机制看，税费改革在减轻农民负担的同时，乡镇政府及村委会在公共服务的筹资能力方面也大为削弱，农村公共服务资金本来就短缺的问题更为突出。为此，国家加大了对农村公共服务的转移支付力度。随着我国国力和财力的增强，中央财政支农资金在税费改革之后逐年增多。同时，公共财政的不断建立和完善在很大程度上也缓解了农村公共服务的筹资困难。同时，作为农村税费改革重要配套措施和制度外筹资新途径的"一事一议"筹资方式彻底改变了农村原有公共产品和公共服务的供给方式,不仅解决了农村公共服务供给的主体缺失和供给不足状况,同时也实现了农村公共服务决策的自主权。从农村公共服务的供给主体和供给模式看,税费改革后,中央政府负责大江大河的治理、大型水利设施的修建、国防、气象信息等惠及所有人的公共服务供给。乡镇政府及村委会仍然是农村公共服务的主要组织者,承担着农村公共服务供给的组织任务。乡镇政府还要维持农村各种公共服务供给工作,例如维持农村的社会治安、农田水利等基础设施建设、植树造林、改善农村环境、建设文明乡风等公共服务。为了弥补财政短缺的状况,还鼓励和支持其他供给形式的存在,如市场供给、私人供给和资源捐助供给,形成了多元化的供给模式。随着我国经济社会的快速发展,政府供给相对充足,市场、私人等的供给明显增多,供给水平明显提高。

5.2.2.2 政府主导的农村公共服务供给模式的供给效果

当前我国农村公共产品和公共服务的政府主导为主、市场、农村社区和社会组织为辅的多元化制度安排和供给机制,是在我国农村从传统社会向现代社会、农业社会向工业社会、封闭型社会向开放型社会整体演进中产生的,也适应了农村整体社会制度变迁的诉求和各利益相关主体的需求,产生了良好的供给效果。

清华大学中国农村研究院 2015 年暑期调研数据证实了这一点。一是农村基本公共服务持续改善,供给趋于充足。①农村教育条件有明显改善。24.9%的农户表示当地的教育条件与五年前相比有明显改善,50.1%的农户表示有所改善。教育条件的改善主要体现在教学硬件变好(39.4%)、师资力量增强(27.1%)、费用降低(18.3%)和上学方便了(16.8%)。②农村基层医疗服务覆盖率较高。村级医疗服务能满足农村基本医疗卫生需求。89.2%的村已建立卫生室或医务站,74.6%的医务站可给儿童打预防针和体检,59%的医务站可以进行育儿和优生指导,42.7%的医务站可以免费向孕妇发放叶酸并给孕妇做基本体检和给予健康指导。大部分村民在村卫生室或医务站看病,只有 27.0%的村反映大部分村民都到镇(县)医院看病。农户医疗意识明显提高,生病后不去医院的比例只有 13.8%。村卫生室是村民就医的主要渠道,38.1%的受访者选择村卫生室，26.0%选择镇上医疗机构，15.5%的受访者选择县城以上医院。③近八成农户已有家庭成员参加养老保险，部分农户开始指望养老金养老。77%的受访者家庭有人参加城乡居民养老保险，28.9%的农户家庭每人养老保险缴费的标准高于100元。养老保障方面，子女赡养仍是主要方式，农村土地依然承担着部分养老功能，17.0%的农户选择继续务农维持生计，有28.1%受访者选择依靠养老金养老。

二是农村人居环境持续改善。①农村水电路气基本畅通，用水难、行路难、用电难等情况显著改善。用水基本畅通，集中供水和安全饮水保障力度提高。实现集中供水和通自来水的村分别占到64.2%和84.9%。66.9%的农户饮用水为自来水，83.6%的农户表示家庭全年不缺水。一半以上受访村实施过"饮用水安全工程"，近六成受访户表示家庭饮水水质好。用电基本畅通且电力稳定情况良好。96.4%的受访村和99.9%的受访农户家庭已通电，52.4%的受访农户用电做饭、洗澡及取暖。六成以上受访村已完成电网改造工程，85%的受访农户表示电力稳定情况良好。行政村硬化公路基本通达，分别有96%和近70%的受访村已通硬化公路和客运班车。燃气使用大力推广，但普及率和使用率的提高仍需时日。七成以上受访村农户厨房改造的主要内容是推广燃气灶。②农户住房条件改善。农户住房基本是钢筋水泥或砖瓦房，楼房居住率近三成。93.1%的受访农户当前所住房屋是钢筋水泥或砖瓦房，有配套厕所（73.8%）。八成受访农户对当前住房表示满意。③环境卫生和文化娱乐工程全面推进，农村环境差的情况大大改善。垃圾集中收集处理工作基本实现全覆盖。高达97%的受访村和近70%的受访农户开展了垃圾集中收集、转运工作。污水处理工作有序开展，切实改善了农村生活环境。56.5%的受访村已建设排水系统设施，23.8%的受访村和46.2%的受访户开始对污水进行处理。近一半的受访村已开展厕所无害化改造，42.5%的受访农户表示居住房屋内有冲水厕所。文娱活动设施已基本修建完备且能有效发挥作用。八成以上受访村设有文化活动室和农家书屋，且文化活动室和农家书屋利用率较高。④大部分农户对近五年来的农村人居环境变化状态持认可态度。认为近五年来各项农村生活环境逐渐变好的受访农户比例均在50%以上。其中最为认可的前三项分别是，村里交通出行更加方便（83.8%）、中央对农村的政策更加有利（76.0%）、村里的生活购物更能满足需求（73.6%）。⑤农村电商发展的网络和道路交通设施条件基本完备，若农户网络使用理念和使用技能相应提高，则有望推动电商发展。93.5%的受访村已通宽带，96.4%行政村已通硬化公路，为农村电商发展提供了必要的基础设施条件。电脑成为受访农户家庭使用的第二大信息设备，29.0%的受访农户家庭经常使用网络，除交友或联系亲朋好友外，获取信息是其使用网络的主要目的。分别有37.0%和9.2%的受访农户用过网络代购和网络代销，大多受访农户认为网络能够改善农产品销售情况，超四成的受访农户对网上销售产品持支持态度。若农户网络使用技能相应提高，有望进一步推动农村电商发展。

清华大学中国农村研究院2019年重点研究课题"农村全面小康补短板研究——基于宏观测度和典型县市的实证分析"的研究成果也再次证明了这一论断。一是农村人居环境持续改善。2019年90%的村庄开展了清洁行动，农村卫生厕所普及率达到60%，2015—2019年年均增长率为11.02%。2018年对生活垃圾进行处理的行政村比例为88.2%，2012—2018年年均增长率为20.09%。2018年对生活污水进行处理的行政村比例为29.8%，2012—2018年年均增长率为25.3%。

二是农村基础设施水平不断完善。全国具备条件的建制村通硬化路已于2019年实现全覆盖。2018年农村自来水普及率和农村互联网普及率的实现值分别为81%和38.4%，2012—2018年的年均增长率分别为1.38%和8.0%。2018年建制村通客车率为96.5%，2015—2018年年均增长速度为0.78%。2019年6月交通运输部公布的该指标数据已达98.02%。2018年农村社区综合服务设施覆盖率45.3%，2015—2018年年均增长率为12.52%。

三是农村公共服务供给水平不断提升。农村基本养老保险和农村基本医疗保险已于2015年实现全覆盖。2018年农民对社会治安的满意度达到93.3%。2018年农村义务教育学校专任教师本科以上学历比例为63.07%，2015—2018年年均增长率为6.42%。2018年农村每千人口执业（助理）医师数为1.82人，2012—2018年年均增长率为4.47%。2018年农村居民教育、文化、娱乐支出占比为10.74%，2012—2018年年均增长率为 6.07%。2015—2018 年我国千人养老床位指标数据分别为 30.31 张、31.62 张、30.92 张和 29.15 张，这表明老年人口的增加速度超过养老床位数的增加速度，满足老年人口养老床位的目标任务十分艰巨。但总体看，城乡公共服务一体化进程在加快，农村公共服务日趋完善。

四是农民对农村公共产品和公共服务供给状态基本满意。满意度问卷调查于 2019 年 8—10 月开展。问卷借鉴李克特量表法的"五点"量表，请受访者对农村基础设施建设、农村公共服务和农村人居环境整治情况的相关项目赋分，分值区间设定为 1～5，5 表示满意程度最高，4～1 表示满意程度依次递减。赋值小于等于 2 表示很不满意，小于等于 3 表示不满意，居于 3～4 视为基本满意，大于 4 表示满意。问卷分析结果显示，农村人居环境整治、农村公共服务、农村基础设施分别赋值 2.86、3.39 和 3.81，表明农民群众对农村基础设施和公共服务供给基本满意，农村人居环境整治仍有很大提升空间。

5.2.3　农民主体

在工业化、城市化、市场化的进程中，农民主体地位不仅表现在经济生活中能够自主经营，还表现为政治生活和社会生活中能够依法独立地行使民主权利，运用民主权利来保障自己的合法权益。村民自治制度的推行，使得农民开始真正投身到自己生活的村庄的建设中来，通过民主选举、民主决策、民主管理和民主监督等方式，实现自我管理、自我教育、自我监督和自我服务。这对落实和保障农民群众经济、政治、文化、社会各项权益，调动群众积极发展生产经营、参与农村事务管理、处理调解农村社会矛盾、推进农村社会和谐进步等起到了十分积极的作用。因此，农民主体这一优势主要是通过村民自治制度实现的。

5.2.3.1　在村民自治框架内确保农民主体地位的制度与实践

党和政府始终将"发展基层民主，保障人民享有更多更切实的民主权利"作为发展社会主义民主政治的基础性工程重点推进，将"农村基层组织建设进一步加强，村民自治制度更加完善，农民民主权利得到切实保障"作为基本目标，始终把培育农民主体地位，发挥农民主体作用的任务放在显著位置。

一是推进农业农村发展，夯实村民自治和农民主体地位的基础。只有在不断发展生产、提高收入的前提下，才能夯实村民自治的经济基础，才能进一步提高村民的思想文化素质，改善农村社会环境，也才能把村民的注意力和参与热情吸引到农村公共事务和公益事业上来，实现把农村治理中的权力制衡、决策程序、扩大参与、公开监督等建设与发展生产、提高农民收入、扩大农村社会保障、维护农村社会稳定等关系到农民切身利益的问题相结合，把发挥民主选举、民主决策、民主管理、民主监督的作用同能人治村相结合，把政府和社会的政策、资金、物资支持与调动村民建设自己家园的主动性、创造性相结合，从而总结和探索出新形势下深入推进农村民主建设的有效举措（丁胜洪、杨瑜娴，2012）。其一，围绕发展农村经济，增强村级组织凝聚力，落实"四个民主"。农村经济得到发展，村民福利、基础设施建设和公共服务有了保障，农民更加愿意关心和参与村级班子建设和村务决策管理，村民自治也有了持续发展的群众基础。其二，发挥新型农业经营主体的示范和带动作用，通过开展经济合作提高农民组织化程度，形成紧密的利益共同体，提高农户在农村公共事务中以及在市场上的主体地位和谈判地位，从而使其能够在互帮互助、互利互惠、平等协商的基础上实行民主管理和行业自律，确立农民的主体意识、民主意识和监督意识，提高行使民主权利、参与民主管理的能力。其三，围绕美丽宜居乡村建设和人居环境整治，呼应农民享有公平合理的公共服务和社会保障的愿望，充分调动他们参与的积极性，从而落实他们对新农村建设的知情权、参与权、表达权和监督权，使他们在充分表达自己愿望和利益诉求的前提下，做到民主决策、民主管理、民主监督。

二是加强农村党组织建设，教育、示范、引导农民依法行使民主权利，强化其主体地位。党对村民自治的领导，是"依照宪法和法律，支持和保障村民开展自治活动、直接行使民主权利""领导和推进村级民主选举、民主决策、民主管理、民主监督，支持和保障村民依法开展自治活动。领导村民委员会、村集体经济组织和共青团、妇代会、民兵等群众组织，支持和保证这些组织依照国家法律法规及各自章程充分行使职权"，进而推进农村开展村民自治、扩大农村基层民主建设，强化农民主体地位。其一，农村基层党组织严格依照《村民委员会组织法》办事，运用法律法规来处理与村委会的关系，处理党群关系、干群关系，成为村民自治的带头人和村民利益的维护者。其二，农村基层党组织以自己的表率作用示范、引导村民，充分尊重村民的意愿和村民自己创造的行之有效的经验，使"四个提倡"在村民意愿的充分表达中得到实现、赢得支持。其三，扩大党内民主，通过示范、表率作用带动发扬光大民主风气，维护农民的知情权、参与权、表达权和监督权。

三是理顺乡村关系，培育农民参与能力，确保农民主体地位。农民主体地位的确立，离不开各级党委和政府的领导、支持与推动。只有相关部门协调配合，才能形成农民积极参与、有效参与、农村基层民主不断发展的良好局面。其一，明确乡镇政府职能。以"依法管理"和"提供服务"为重点，依据《中华人民共和国村民委员会组织法》中规定村委会的职责范畴，凡是涉及村民利益的农村事务交由村民讨论决定，不得干预依法属于村民自治范围内的事项；转变观念和作风，不强迫、多服务，通过宣传和示范、辅导和培训、协商和帮助、奖励和补偿等方式引导农民参与属于政府职责的工作。其二，完善村委会功能。村委会作为村民自治组织，有责任协助乡（镇街）政府开展工作，但具体做法上不是把自己等同于基层政府，借助行政命令来完成，而是从村民自我管理、自我教育的角度来处理。村委会可依托村规民约和其他自治组织开展工作。当好政府与村民之间的桥梁与纽带，防止行政化、官僚化倾向。其三，培育农村治理主体。近年来，党和政府出台政策培育农村人才，包括新型农业经营主体、高素质农民、农村实用人才等，成效显著。农村新型人才队伍初步形成，不仅缓解了"谁来种地""如何种好地"的问题，还为村民自治和发挥农民在农村治理中的主体地位提供了参与意愿强、参与能力强、发挥作用强的人才储备。

5.2.3.2 以"四个民主"为考量标准的农民主体地位的体现

村民最大限度地参与村务治理，是村民自治的实质性内容，也是农民主体地位的集中体现。村民参与村级选举、村务管理、村级重大事务决策和对村干部的监督，其范围不断扩大、程度逐渐加深，制度化、规范化、程序化特征明显，农民主体地位不断增强，村民自治的民主化、合法化发展趋势增强。

一是民主选举有序推进，村民自治的民意基础和合法性基础增强。民主选举"以直接选举，公正有序为基本要求"。民主选举既是一种民意的量化表达机制，也是一种优胜劣汰的精英选择机制。由村民选举产生村干部，是当代中国农村政治民主最具有历史意义的事件，是农村民主治理最实质性的发展。民主选举的发展大致可以分为两个阶段：第一阶段是在试行村民自治初期对村委会干部进行间接选举，村民首先选举产生村民代表，村民代表再就上级指定的村长等村干部进行正式投票选举。第二阶段则由村民直接选举村干部，俗称"海选"，它最初产生于吉林省梨树县。"海选"有两个基本特征：政府在选举前不指定村民委员会委员和主任的候选人，候选人由选民依法提名产生；不经选举村民代表这一环节，而由全体选民直接选举产生村委会主任和其他村委会干部。20 世纪 90 年代后，直接选举村委会干部的"海选"方法开始在全国农村逐渐推广。到目前为止，直接选举和间接选举这两种选举办法仍并存于广大的中国农村。

二是民主决策落到实处，在现有条件下实现了村民参与、依法决策和公共利益的最大化。民主决策"以村民会议、村民代表会议、村民议事为主要形式"，坚持依法决策、有序决策、集体决策的原则，积极扩大群众参与。从农村实际出发，村民会议可授权"泛村民代表会议（由村级组织成员、村民代表、村民组长、党员、农村合作经济组织代表等组成）"行使其职权，村级组织实行"两委"联席会议制度，提高效率、节约成本。从制度上说，村民代表大会和村民全体会议是村级最高决策权力机构。清华大学中国农村研究院 2015 年调研数据显示，将近七成受访村设立了村民议事会，高达 98.6％的村民议事会发挥了重要作用，其中，发挥民主监督、民主决策和民主协商作用的占比分别为 61.0％、58.9％和 52.7％。近八成重大公共事务的决策在程序上得到了村民代表大会的认同。就典型实践看，2019 年中央农办、农业农村部评选出的 20 个全国乡村治理典型案例中，"代表提出议案—民主议定议案—公布告知议案—组织实施议案—监督落实议案"的五步工作法，"提出议题—把关筛选—开展协商—形成项目—推动实施—效果评估—建立公约"的议事协商操作链，"群众提事、征求论事、圆桌议事、会议定事、集中办事、制度监事"的圆桌六步原则，"确定议题、审核批复、民主协商、表决通过、公开公示、组织实施"的"六步决策法"，规范村党组织提议、两委联席会议商议、党员大会审议、村民代表会议决议和群众评议流程的"五议决策法"等，通过规范议事决策机制和监督程序，提高了决策的科学性和公平性，增强了民主决策的权威性和公信力，保障了参与主体间的利益平衡与共享。

三是民主管理日趋强化，农村治理制度更加规范，治理的程序性、基础性不断增强。民主管理"以自我教育、自我管理、自我服务为主要目的"，实现干群互动、齐抓共管。村民最大限度地参与村务治理，是农村民主管理的实质性内容。从制度安排上说，在当代中国农村，所有成年村民都已经拥有了参与村务管理的畅通渠道。依法参与村民委员会的直接选举，参加村民小组的工作，参加村民代表会议或村民大会关于重要村务的讨论，参加对党支部委员和支部工作的评议，监督村委会的工作，已经成为村民政治参与和事务管理的主要途径。2019 年中央农办、农业农村部评选出的 20 个全国乡村治理典型案例显示，当前的民主管理主要在两个层面上推进，一方面，通过完善管理制度，如确立村落公益事业议决建管办法、"幸福村落"建设考核标准、村落矛盾纠纷调处办法等工作规范，制定红白喜事操办标准，建立责任清单明确村干部职责，实施重要事权清单管理等，规范村干部和村民的行为；另一方面，完善村规民约，以"村言村语"约定行为规范、传播文明新风，并综合运用物质奖惩、道德约束等手段保障落实，促进德治落地生根。

四是民主监督有序推进，农民参与范围和程度不断加深，农村治理的透明度和公共性提高。民主监督"以村务公开、财务监督、群众评议为主要内容"，将干部的行为置于群众监督之下。公开的形式上，充分利用各种会议、书信、专栏（公开栏）、广播等，有条件的地方还运用先进科技如电子屏幕、触摸屏等形式，尽可能让各种公共信息深入村组、进入农户；公开的时间上，采取随时公开与定期公开相结合的办法，突出时效性、避免陈旧化。同时，建立健全监事会、理财小组活动机制，村民质询、投诉、举报机制，干部评议机制，发展党风廉政监督员队伍，为群众表达意见、质询疑虑提供畅通的渠道和公平的环境，使村民能够有效地对管理自己的乡村权力进行监督，这也是现代农村民主治理的重要内容。对村级权力的监督主要来自三个方面：上级权威的监督，同级权力机构之间的监督，民众的监督。20 世纪 80 年代后，中国农村已经发展起了一套比较完整的村级权力监督制度。从制度设计上来说，村委会、村党支部、村民代表会议和村民大会之间都有相互监督和相互制约的功能。村民的直接选举制度本身就构成对村级权力最有效的制约：村民可以通过手中的选票来选择自己满意的管理者。根据村民委员会组织法，本村 1/5 以上有选举权的村民联名，可以要求罢免村民委员会成员；村民委员会应当及时召开村民会议，投票表决罢免要求；村民会议中有半数以上村民同意罢免时，罢免即生效。此外，村民还可通过村民民主理财小组等组织对村干部进行监督。从实践情况看，村务公开监督领导小组、村级民主议事小组和村级民主理财小组等村民专门小组，正在发挥日益重要的作用。对村级权力最有效的监督仍然是上级政府和村民自治组织的约束。清华大学中国农村研究院 2015 年的调研数据显示，8.1％的受访村设立了村民监督委员会。其中，九七成的受访者认为村民监督委员会能够发挥监督作用，该比例在农户层面为 70.3％。九九成的村庄实行村务公开，1/2 以上的公开频率为三个月一次，1/3 的公开频率为一个月一次，1/4 以上的村务通过网上形式公开。六成以上公共事务决策具有一定透明度，其中，18.9％的受访者认为村内各项事务决策完全做到了"三公"。2017 年 12 月，中共中央办公厅、国务院办公厅印发《关于建立健全村务监督委员会的指导意见》，要求各地区各部门结合实际认真贯彻落实，建立村民监督委员会的村级组织逐年增加。

5.2.4　社会协同

随着农村各项改革和社会主义新农村建设向纵深推进，农村经济多元化、政治民主化、社会开放化的趋势越来越明显，乡村社会结构发生巨变，要求乡村治理结构发生相应变化。社会协同是适应这一变化而催生的新型农村治理的优势特征，也是国家与社会关系的集中体现。

5.2.4.1　社会协同的基本框架与优势特征

社会协同治理源于治理理论，它打破了国家与社会、公共部门与私人部门的传统两分法，强调通过政府、社会等多元主体的协商合作达到"1＋1＞2"的协同治理效应。以克服治理失效而提出的善治论则更加强调通过提高公共管理的合法性、透明性、责任性以及有效性来实现政府与公民对于公共生活的共同管理。对于乡村治理而言，政府与社会也不是非此即彼的二选一关系，良好的乡村治理需要两者共同参与，需要协同治理以提高治理的合法性、透明性、责任性以及有效性，进而实现乡村善治。可以说，社会协同本质上是通过政府与社会力量协同合作实现乡村善治。在这一框架下，将政府在乡村社会的作用逐渐由主导转变为引导，政府功能逐渐从微观管理转为宏观规划，政府行为逐渐从行政干预转为制度规范；乡村社会力量也逐渐从对政府的"依附"走向独立，通过开发内生资源来维持自身的运行与发展，通过完善基层选举制度与提高治理能力以获得居民的认同与服从。

5.2.4.2 实践中社会协同的探索创新模式

党的十八届三中全会指出，要改进社会治理方式，激发社会组织活力，创新有效预防和化解社会矛盾体制。党的十九大报告提出，加强社会治理制度建设，完善党委领导、政府负责、社会协同、公众参与、法治保障的社会治理体制，提高社会治理社会化、法治化、智能化、专业化水平。党的十九届四中全会再次强调，社会治理是国家治理的重要方面，必须加强和创新社会治理，完善党委领导、政府负责、民主协商、社会协同、公众参与、法治保障、科技支撑的社会治理体系，建设人人有责、人人尽责、人人享有的社会治理共同体。各地在基层治理实践中探索创新出了很多社会协同的有效协作方式和模式，实现了政府与社会组织的协同合作，形成了治理合力，同时也夯实了乡村治理的内生基础。

（1）浙江省绍兴市的商会组织增加了乡村治理的社会资本。为进行基层治理创新，增强基层治理活力，绍兴地区大力推动各种民间组织的建立。2011年绍兴市开始推动成立村级商会，即村庄内具有一定规模的企业家联合起来自发成立的企业家联盟。村级商会在村级治理方面发挥了重要作用。一是为村庄公共品供给提供资金。二是调解纠纷，由于村中居民大多在村企上班，由商会内的企业出面协调纠纷能产生事半功倍的作用。三是扶贫济困，表现为对村中特困户或遇到天灾人祸的村民家庭的捐款。四是对待边缘人群，如上访户、钉子户或赖皮户，商会将之由公的关系变成私的关系，以金钱或其他方式进行妥善处理。同时，商会及其会员（企业）也能在此过程中积累人脉、开展政府公关、获取更大发展。一方面，商会内部成员之间可以进行正规交流，交换商业情报，甚至可以融资。另一方面，在商会外部，商会成员可以更加正式地在涉及政府部门、工商、税收、银行等方面的事务上请村干部协调处理。商会给村里的支持很大，村里给商会企业家的帮助也很多。村里有什么事情搞不定，就请商会出面，商会的企业家有什么困难，只要村里能帮得上忙的，村里就一定会帮（贺雪峰，2017）。村级商会发展与村级治理实现了"双赢"。

（2）浙江省绍兴市上虞区纳入乡贤以重构农村治理结构。针对当前基层社会发展空心化、基层组织人才队伍薄弱、基层社会治理主体缺位等问题，绍兴市上虞区积极发挥本土优势，挖掘乡贤人才，重视乡贤功能，走出了一条与众不同的基层社会治理现代化之路。绍兴市上虞区于 2001 年 1 月成立了乡贤研究会，把发挥乡贤作用纳入其中，引导退休官员、专家、学者、商人回乡安度晚年，以自己的经验、学识、专长、技艺等反哺桑梓，延续传统乡村文化的文脉，使回乡的乡贤成为基层治理的重要力量。2008 年该区被浙江省委宣传部命名为"浙江省文化建设示范点"。作为对上虞乡贤文化发展的回应，2013 年绍兴市启动了别具一格的"万人计划"人才发展规划，用 3 年时间让全市 80％左右的家庭都有人获得"民间人才"称号，实现人人皆可成才、人人尽展其才。截至 2014 年上半年，该市已发放证书 7.58 万张，挂牌 2.78 万户，奖励资金 110 多万元，创业信贷 667 万元，选拔 986 名"民间人才"作为入党积极分子，将 2 422 名列为村级后备干部培养对象。此外，该市还培育民间组织 1 495 个，创设志愿服务、技术帮扶、文化活动等载体，3 000 多名民间人才参与择岗服务；建立联系联络制度，6.2 万名干部联系 8 万余名民间人才，通过经常性走访，把"民间人才"团结和凝聚在党组织的周围。[1] 广大乡贤及其组织积极参与农村公益事业建设、矛盾纠纷化解、社会治理以及"美丽乡村""平安绍兴"建设和"五水共治""三改一拆"等中心工作，乡村治理的成本更低、效率更高、效果更佳。

（3）山东省新泰市平安协会嵌入乡村治理结构，有效维护了社会的安定与和谐，确保了经济社会发展的顺利推进。为缓解治安防范薄弱问题，

---

[1] 发挥乡贤力量完善基层社会治理体系［EB/OL］. 青岛全搜索电子报，http://wb. qdqss. cn/html/qdrb/20150313/qdrb43686. html。

经当地企业家提议，2005年年底，新泰市汶南镇成立了平安协会筹备委员会。2006年2月26日，在汶南镇党委政府领导下，汶南镇驻地55名企事业单位经理和个体户自发建立平安协会，筹集资金48.5万元，通过组建巡逻队、购买巡逻车辆、安装监控摄像头等，开展"看家护院"行动。平安协会成立后取得了立竿见影的效果，短短1个月时间内，可防性案件同比下降80%。2006年5月，新泰市开始在全市范围内推广汶南镇平安协会的建设经验，全市所辖各乡镇、街道相继成立平安协会。2008年6月，新泰市成立平安协会，统筹全市平安协会建设，并将村级平安协会和行业平安协会作为建设重点，逐渐形成了贯穿各个层级、各个领域的纵横结合的协会布局。在扩展过程中，平安协会的职能也逐渐由看家护院向多维发展，包括调解矛盾纠纷、处置突发事件、参与治安防范体系建设、参与社会治理等，逐渐嵌入当前的治理体系中。新泰市通过创建、培育和发展平安协会，充分发挥了丰富"社会资源"的积极作用、促进了政府与社会力量相互协调，共同维护了本地社会稳定与和谐的"平安机制"（徐晓泉，2017）。

（4）浙江省湖州市长兴县与台州市临海市的协商议事制度，解决了一个又一个治理难题。2015年以来，浙江省长兴县在探索基层协商民主建设过程中，通过统合省内各地协商民主的优秀经验，结合自身实际，开展了"一会三议两公开"为主要制度的城乡协商民主试点。"一会"即搭建一个协商民主平台，"三议"即规范提议、审议和商议程序，"两公开"即商议成果和实施情况公开。"一会三议两公开"在参与主体方面将协商事项的利益相关主体、社会多元主体等都纳入进来，在协商程序和结果方面实现公开化和透明化，适应了民众对于治理的心理需求，解决了一个又一个治理难题。台州市临海市的民主协商会制度在设计上更为健全细致，2015年在临海全市得以推广。在议事内容上，临海坚持与基层组织建设相结合，由党委明确统战部牵头，与村基层现行运行机制和中心工作相结合。目前临海市19个镇（街道）、993个行政村和25个社区都建立了协商民主议事制度。2015年1月至9月，全市共开展镇（街道）协商民主议事活动93次，村（社区）协商民主议事活动3 340次，对910多项民生决策达成共识、化解矛盾纠纷820多起，群众满意率超95%，信访总量同比下降 30％以上。2015 年 4 月 28 日，临海市邵家渡街道大路章村就征地事宜召开首次协商民主议事会，由村"两委"干部、村老年协会代表、党员代表、村民代表等 22 名成员参加协商，22 个村只用了 32 天，就全部完成征地村民代表签字这项艰巨任务。2015 年，邵家渡街道共举行议事会议 139 次，完成各类议题 76 件，重大工程全部顺利推进，在矛盾得到解决的同时，干群关系也进一步得到改善。

本章参考文献：

陈家刚，2015. 基层治理：转型发展的逻辑与路径 ［J］. 学习与探索（2）.

邓大才，2000. 农村家庭承包土地的权利和义务研究 ［J］. 财经问题研究（9）.

丁胜洪、杨瑜娴，2012. 村民自治中农民主体地位的确立和培育 ［J］. 今日中国论坛（12）.

刘宁，2013. 村民自治组织体系的建构：组织培育与体系重构——论村民自治组织体系的生长逻辑、发展限度与建构路径 ［J］. 晋阳学刊（7）.

谢元，2018. 基于行动者网络理论视角下的村支书乡村治理研究——以苏南阳县花山片区为例 ［D］. 南京：南京大学.

徐晓泉，2017. 协同治理型社会组织与乡村治理体系创新——基于山东省新泰市平安协会的案例分析 ［R］. 清华大学中国农村研究院《"三农"决策要参》（181）.

第6章 治理层级下移：乡村多元共治的结构调试

乡村多元共治具有鲜明的新时代特征，它是在实施乡村振兴战略、推进农业农村现代化、建设国家治理体系和治理能力现代化的新时代背景下出现的乡村治理新模式。要完成此背景下有效治理和乡村善治的新任务新要求，须坚持问题导向和实践导向，了解新时代的治理需求和治理特点，从实践探索的典型案例中寻求和总结乡村善治的有效实现形式。

6.1 典型实践

治理结构的变化是乡村多元共治的定义性特征。从制度设计和实践探索来看，治理层级下移是乡村多元共治阶段首要发生的治理结构调整[①]。实践中，下移治理层级的改革试点，是对乡村多元主体利益诉求的表达与协商、参与方式的可及性与便捷性需求的有效回应，也是对20世纪80年代以来村民自治体制及治理体系的重大突破，提高了试点区域治理绩效，具有探索性和创新性。

6.1.1 广东清远：在一个或若干个村民小组（自然村）基础上设立村民委员会

2012年，清远市拥有建制村1 022个，下辖村民小组18 707个。平均每个建制村人口数量超过3 000人，下辖18.3个村民小组。在面积大、

---

① 乡村治理领域的实践探索和创新在2015—2017年集中体现为治理层级下移，如广东清远、广东云浮、湖北秭归、云南大理、湖南益阳、江西分宜、江西赣州、四川成都、福建海沧、江苏海门等地纷纷开展了将自治层级下移的试点。

小组多、人口众的情况下，行政村的村民委员会作为村民自治组织，其自治活动面临着一系列突出问题。一是建制村因规模过大、村干部过少，或因协调成本过高、流于形式，或因决策参与低、隐患很多，难以有效开展自治，难以形成良性的民主治理机制。二是以规模过大的行政村为单位组织的部分公共基础设施和服务建设难以实现共享，加剧村组间和小组间的对立。三是因行政职能列入绩效考核而自治功能没有硬性约束，数量相对缺乏的村干部疲于应对，在职能定位不清的情况下往往重行政管理、轻村民自治，村委会的行政职能与自治功能之间存在冲突。为了解决这些问题，清远市开展了将村民自治下移、剥离村委会的社会管理和公共服务职能试点。

6.1.1.1　改革内容

2012 年 11 月清远市发布《关于完善村级基层组织建设推进农村综合改革的意见（试行）》，提出以创新农村社会治理模式、创新农村生产经营模式、创新农村基层党建模式为途径，进一步加强村级基层组织建设，深入推进农村综合改革。从 2013 年开始，在英德市西牛镇、连州市九陂镇和佛冈县石角镇开展试点，探索推进村委会规模调整，将"乡镇—行政村—村民小组"的乡村治理架构调整为"乡镇—片区（原行政村）—村（缩小半径、在一个或几个村民小组基础上设立村委会）"的乡村治理架构，从而实现"自治下移、服务上浮、治管分离"。到 2014 年年底，清远全市在行政村级片区上建立党总支 1 013 个，以村民小组或自然村为单位建立党支部 9 536 个、村民理事会 14 554 个，已发证书的经济联社 1 128 个、经济社 19 571 个。清远的改革受到广东省及中央有关部门的重视，2014 年 7 月，清远基层治理模式改革被明确为全省示范点；同年 11 月，清远成为第二批国家级农村改革试验区，重点是开展以农村社区、村民小组为单位的村民自治试点，由此也成为全国"以村民小组或自然村为基本单元的村民自治试点"的典型和代表。其改革内容主要有以下几个方面。

一是村民委员会组织下移，增强参与便捷性。2014 年 3 月，清远在英德市西牛镇、连州市九陂镇、佛冈县石角镇三个镇进行试点，遵循有利于群众自治、经济发展和社会管理的原则，根据群众意愿、村民居住状况、历史习惯、人口多少、经济状况、集体土地所有权关系等因素，在原行政村下以 1 个或若干个自然村或村民小组为单位重新设立村民委员会。将现行的"乡镇—村委会—村民小组"调整为"乡镇—片区—村委会（原村民小组、自然村）"，并根据法定程序进行新村委"两委"换届选举，村委会规模调整为 3～7 人，三个镇的村委会数量由 42 个增至 390 个（表 6-1）。调整后的村委会完全成为村民自我管理、自我服务、自我教育和自我监督的自治组织，其职能主要是办理本村的生产发展、村庄规划、矛盾调解、政务协助、民意表达、村容整治等村民自治事务，引导村民依法依规制定村规民约，提高自治水平。

表 6-1　清远改革前后村级组织设置情况（个）

镇区	调整前		调整后		联合组建
	村委会	村民小组/自然村	片区	村委会	
三个试点镇	43	749	43	390	1.92
英德市西牛镇	13	265	13	130	2.04
连州市九陂镇	13	150	13	154	0.97
佛冈县石角镇	17	334	17	106	3.15

数据来源：项继权、王明为，《村民小组自治的困难与局限——广东清远村民小组（自然村）为基本单元实行村民自治的调查与思考》，2017 年 8 月 8 日。

二是重建农村基层党组织，加强党的领导。在村委会组织下沉的同时，试点镇也推动基层党建下移。将农村基层党组织设置由"乡镇党委—村党支部"调整为"乡镇党委—党总支（片区党总支）—党支部（村民小组或自然村）"，通过单建或联建等形式，将党支部建在村民小组（自然村）一级，并在具备条件的村办企业、农民合作社、专业协会等建立党支部。三个试点镇建立了党总支 42 个、党支部 390 个。村党支部书记与村委会主任"一肩挑"、党支部委员与村委会成员交叉任职，建立党群联席会议（表 6-2）。针对大部分农村地区党员数量不足的问题，清远要求在党员人数不足 3 人的村民小组或自然村，其党支部的设立通过乡镇党委或片区党总支临时下派党员的办法解决人数不足的问题，待村党支部自身党员人数超过 3 人且可以独立运作时，临时下派的党员即可将组织关系转回原党组织；在保证党组织对村民自治组织发挥领导作用的前提下，村与村之间也可以成立联合党支部，待条件成熟时再单独设立村党支部；暂时没有党员的村，片区党组织加大在该村发展党员工作的力度，为单独成立党支部创造条件。

表6-2　清远三个试点镇村"两委"一肩挑及交叉任职情况

镇区	两委"一肩挑"比例（%）	两委交叉任职率（%）
英德市西牛镇	67.0	66.0
连州市九陂镇	87.0	78.0
佛冈县石角镇	87.5	86.2

数据来源：项继权、王明为，《村民小组自治的困难与局限——广东清远村民小组（自然村）为基本单元实行村民自治的调查与思考》，2017年8月8日。

三是设立片区公共服务站，增强治理的回应性和服务性。在乡镇以下，按照面积、人口等因素划分若干片区建立片区公共服务站[1]。试点地区基本按原行政村划分片区，服务站即由原村委会改造而来。原村委会的主要成员成为片区社会综合服务站的工作人员，不足人员向社会公开招录，片区总支书记与片区服务站站长"一肩挑"。三个镇共设立片区服务站43个，西牛镇和九陂镇均设立了13个片区服务站，石角镇设立了17个片区服务站。片区社会综合服务站是乡镇的派出机构，主要承担上级政府部门延伸到村级的党政工作和社会管理事务，内容包括从供销生产到便民生活等8大类、108项服务职能，日常业务涵盖上级党委政府交办或群众委托代办的事项，以及农技、农资、农机、供销服务和卫生医疗服务、金融服务、电子商务、生活超市等。采用"镇—片区—村"的治理模式后，乡村治理体系和组织关系随之发生变化，如图6-1和图6-2所示。

四是完善村集体经济组织，理顺村级党组织、自治组织与集体经济组织的关系。2014年，清远市委、市政府发布了《关于规范农村集体经济组织加快发展农村集体经济的指导意见》（清委办发电〔2014〕18号），要求建立和规范村级集体经济组织，完善集体经济组织法人治理结构，并按照集体资产产权归属，建立健全农村经济合作社和农村经济联合社。到

[1]　各类研究成果、清远相关文件及各地对撤销原村委会设立的片区服务站的名称有不同的表述。如"党政公共服务站"、"社会综合服务站"、"片区公共服务站"、"片区服务站"。从实地调研来看，目前试点镇服务站均挂"X片区公共服务站"，人们通常称之为"片区服务站"。

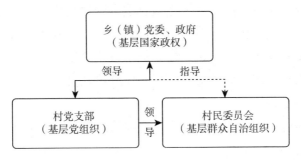

图 6-1　改革调整前清远基层治理层级及组织关系

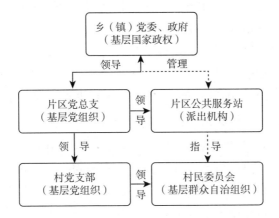

图 6-2　改革调整后清远基层治理层级及组织关系

2014 年 11 月底，全市已颁发《农村集体经济组织证明书》20 669 份，完成 99.5%，其中成立经济联合社 1 128 个，完成 100%；成立经济合作社 19 571 个，完成 99.5%。清委办 2014 年 18 号文件同时要求，"凡村级组织的经济事务应由村集体经济组织具体承担。""农村集体经济组织应自觉接受村党组织的领导、指导和村民自治组织的监督，协助配合村级组织工作，为村级组织履职提供必要经费，合理安排村公共事务和公共事业所需资金。"在村级组织关系上，集体经济相对薄弱的地方，集体经济组织管理人员可与本级党组织、村民自治组织成员交叉任职。村集体经济较薄弱的地方一般实行村党组织书记、村委会主任、村集体组织负责人"一肩挑"。村集体经济发达或较发达的地方可实行"政经分离"，即村党组织书记和村委会主任不兼任村集体经济组织负责人，村党组织推荐村党组织副书记、委员或符合条件的专业人士通过法定程序担任村集体经济组织负责人。或者实行村党组织书记兼任村集体经济组织负责人，符合条件的村委会主任任命为村党组织副书记。建立健全班子联席会议制度、党群联席会议制度，确保党组织在讨论决策本村集体经济社会发展的全局性重大问题中发挥领导核心作用。

五是加强村民理事会建设，提高自我管理、自我服务能力。在村民自治下沉到村民小组（自然村）的改革中，要求在村民小组（自然村）普遍建立村民理事会，作为重新划分的村委会成立前的过渡性自治组织。3 个试点的镇在改革过程中，在村民小组（自然村）基础上建立 774 个村民理事会，西牛镇、九陂镇、石角镇分别成立了 135、154、485 个村民理事会。其他非试点镇则以村民小组或自然村为单位成立村民理事会，由德高望重的乡贤、致富能人等担任理事会成员，配合村干部开展村务自治（郭芳、邹锡兰，2015）。随着新的村民委员会的成立，村民理事会成为以村民小组（自然村）所辖区域为活动范围的公益性、服务性、互助性的农村基层社会团体，加强村民自治与服务的辅助力量，在村级党组织领导、村委会指导下，重点协助村委会开展活动，参与农村公益类、公共服务类的社会管理事务。村民理事会的主要职责为协调解决农村土地流转、土地整合、农业基础设施建设中的问题；协调群众利益，调节邻里纠纷；监督村民履行村规民约，建设文明乡村等。村民理事会成员由村民推选产生，由热心公益事业的农村党员、村民代表、已退休的干部和教师等公职人员以及各房族代表、德高望重的乡贤、致富能人担任。到 2015 年 11 月，清远市村民小组（自然村）共选举产生村民理事会 14 554 个。

村民理事会代表村民讨论村"两委"班子联席会议提出的本村重大工作事项、重大财务开支、重大投资项目等涉及村民利益的重要事项，对集体组织范围内的公共事务进行议事协商。在实践中，三个试点镇采取理事会牵头、撬动村民自筹、发动社会参与等多种形式开展村落基础设施建设，其中，村民自筹占比均超过 50%（表 6-3）。

6.1.1.2 改革成效

清远通过上述改革，达到了初始设定的党的建设、村民自治和公共服务"三下沉"的目标，基层治理体系得到重构，治理绩效显著提升。

表 6 - 3　清远三个试点镇部分公共设施经费来源

公共设施	用途	经费（元）	资金来源	建成时间
花田片区弯角村文化楼	红白喜事、议事场所	74 640	本村村民捐资 100%	2015 年 9 月
凤城片区石溪文化室	红白喜事、议事场所	131 987	本村村民捐资 78 487 元、占比 59%，凤城村委 20 000 元，石溪小学 1 000 元，企业 3 000 元，其他社会人士 29 500 元	2016 年 9 月（加建二楼）
		96 016.8	本村村民捐资 56 178.8 元、占比 59%，石角镇医院 1 000 元，企业 30 000 元，其他社会人士 8 838 元	2010 年 9 月
科旺片区黄石蜡石路标	路标	46 272	本村村民捐资 31 472 元、占比 68%，企业 7 000 元，其他社会人士 7 800 元	2015 年 12 月

数据来源：项继权、王明为，《村民小组自治的困难与局限——广东清远村民小组/自然村为基本单元实行村民自治的调查与思考》，2017 年 8 月 8 日。

一是强化村民参与，有效协调了治理功能与治理结构的匹配关系。一方面，有效调动了村民参与自治的积极性，增强了村民小组和自然村的组织和自治能力。自治体的边界缩小，提高了自然村的组织力、带动力和向心力，自治体成员的身份意识更强、相互关系更加紧密，激发了村民参与村集体公共事务的热情。农户投资投劳，自己动手改变自己的生产生活环境，建设美好家园。有村民表示，"以前是政府要我们干事，现在是我们干自己的事。"村民更加主动参与村庄公共设施建设和公共事务管理，公益事业组织开展和筹资筹劳的难度降低，集体行动的共识基础和组织能力显著增强。2014 年西牛镇新城村农民主动整合全村的种粮农民直接补贴资金共 4 万元，全部投入农田基础设施建设。河湾村自筹资金 100 多万元，用于建设文化室和新祠堂。有的村庄因为距离本乡镇建成区远、离邻县城区近，现有按行政区划配置资源修建通乡通镇公路的规划安排与村民实际需求并不一致，通过村民大会决议，自筹部分资金、并争取一部分政府补助，修建了通往邻县城区的道路，公共服务决策更具民意基础、更符合村民实际需要。另一方面，有效化解了村庄内部矛盾。缩小半径后选举产生的村委会成员在村庄中能够借助乡村内部的社会关系网络和传统伦理规范进行纠纷调处，更容易获得信任，协调能力更强。3 个试点镇 2014

年第一季度的信访案件同比分别下降了 40％、40％和 80％。其中，英德市西牛镇 2012 年曾因上访问题被全市通报批评，自开展试点以来，实现了全镇"零上访"；禾湾村在新的村委会协调组织下，有效化解了持续多年的山林纠纷。

二是规范村民自治，有效协调了国家与社会的委托关系。政府管理与村民自治之间关系调整的出发点在于，既要实现政府依法管理，又要认识到政府对村民具体事务所知有限。强调村民自治是村民对其公共事务和公益事业的自主治理，不是对政府管理的排斥和削弱，而是在尊重广大村民意愿的基础上，使村民自治成为国家乡村治理的重要组成部分。自上而下的国家资源在村民小组（自然村）一级与自下而上的农民对公共品需求偏好结合起来，不仅最为有效、最为精准地建设农民生产生活必须的公共品，而且撬动了农村社会内生活力与动力，提高了农民的主体性和主动性，提升了农村基层的组织能力和治理能力。理顺后的基层政府与自治组织（行政管理与自治管理）之间的关系体现在：改革后，片区社会综合服务站作为政府的派出机构承担了原村委会的行政职能，新村委会主要承担原村委会的自治事务，这样，就将村庄的自治功能和基层政府的服务职能实现了分离，自治下移到了半径更小、村民关系更加紧密的新村委会。村委会的基本功能就是自治，与上级政府之间的关系进一步理顺。一方面，上级政府更加放手让村民自我管理，选举公开竞争、民主性强，乡镇政府的主要职责是监督其依法生产、依法活动，直接干预大大减少。另一方面，村民自治机制容易达成村民发展农村公共事业的集体行动，政府通过财政奖补、专项经费等提供配套支持，使得基层政府与农村社会之间的合作关系进一步增强。

三是理顺领导关系，有效协调了基层党组织与自治组织之间的领导关系。改革后，党的领导作用得到强化，党委政府的方针政策在农村得以顺畅落实。以往农村政策在落实过程中，一旦涉及利益调整，往往面临较大障碍。即使是好的政策，在推进时也困难重重。随着基层党组织领导的加强和自治机制的充实，试点镇在推进美丽乡村建设、涉农资金整合、土地适度规模经营、加强集体"三资"管理等方面，能够获得多数村民的支持，并通过村庄内部的沟通和谈判化解阻力，最终达成共识。如西牛镇新城村通过村民自治机制"互换并地"，将农户承包耕地由分散细碎整合为聚集大块，提高耕作效率和土地产出率，且土地整合后新增的耕地由集体发包，增加了集体收入。在村容整治、环境治理等方面，自治机制也都发挥了积极作用。

四是拓宽参与内容，实现了产权单位和自治单位的对称关系。清远现行的村民委员会（原村民小组和生产小队）为农村集体组织及产权单位，村民委员会下沉到村民小组也实现了村民自治组织与集体经济组织的一体化，同时提高了产权绩效和治理绩效。片区公共服务站定位为农村的服务管理平台，不再承担村集体经济经营管理，实现了片区公共服务和公共管理与村级集体经济组织的分离。农村集体资产由新建的集体经济组织在村"两委"的领导下生产经营，强化了村"两委"对农村集体经济的组织管理，也为农村土地资源整理等提供了条件。

6.1.2　湖北秭归：以自然村为单位划小村民自治单元

秭归县地处三线工程坝上库首，是集老、少、边、穷、库、坝区于一体的山区农业大县。经过多轮"合村并组"后，农村普遍存在服务半径过大、民意表达不畅、公益事业难办、社会管理服务难到位等问题。为使农民群众更加广泛、直接参与村组事务决策、管理、监督和自我服务中来，秭归以自然村落为单位，划小村民自治单位，以村落"四长八员"为村民自治骨干，创造性地开展了"幸福村落"创建工作，把村民自治落到了实处，让协商民主延伸到了最基层。

6.1.2.1　创建幸福村落，打造村组民主协商新平台

以村为单位，按照"地域相近、产业趋同，利益共享、有利发展，群众自愿、便于组织，尊重习惯、规模适度"的原则，将村域范围划分为若干个村落。各村以"村落"为单元，以"七项任务"为重点（发展村落经济、改善村落民生、建设村落设施、繁荣村落文化、化解村落矛盾、解决村落困难、保障村落权益），以"九个得到"为目标（经济得到发展、民生得到改善、环境得到保护、设施得到建设、乡风得到净化、正义得到伸张、矛盾得到化解、困难得到帮扶、权益得到保障），开展"幸福村落创建"活动。政府为创建活动以奖代补吸引群众广泛参与，引导群众在各级

党委政府投入有限、精力有限的情况下自我协商、自我管理、自我教育、自我服务、自我发展。一是村落范围大家定。由村"两委"在广泛征求村民意见基础上，提出村落划分建议方案，交村民代表大会讨论通过后实施。全县 186 个村 1 361 个村民小组共划分 2 055 个自然村落。二是村落章程集体议。突出基层党组织对群众自治的领导，在"幸福村落"组织架构上，实行"村落支部（总支）—村落党小组—党员"和"村委会—村落理事会—农户"双线运行、三级架构模式。全县 2 055 个村落共建党小组 1 256 个，其中单独组建的 457 个，联合组建的 1 598 个，实现了党小组在村落层面的全覆盖。同时，以村落为单位，制定村落理事会章程，并召开村落大会讨论通过，把"幸福村落"创建要求与村民期盼有机结合，把群众所思、所盼、所求变成创建活动的具体要求、内容和任务，为完成"七项任务"和实现"九个得到"凝聚共识。三是村落骨干群众推。在村落理事会设立"两长八员"，即一名党小组长、一名村落理事长和承担八项职责的村落事务员（经济员、宣传员、帮扶员、协调员、管护员、环保员、张罗员、监督员）。"两长八员"由村落群众共同推荐认可，义务履职、适当奖补。专长多、能力强的人可兼任多"员"。离、退休并常居村落的干部、教师、医生可被推举为"两长八员"，提倡党小组长兼任村落理事长。186 个村共推选村落"两长八员"10 412 人。"幸福村落"创建既为常居农村的能人提供了为村落群众服务、管理、牵头协商议事办事的平台和抓手，增加了他们的价值实现感，也为村民协商自治找到了牵头人、组织者，用近乎零的成本解决了农村社区服务半径过大、管理服务缺位等难题。

6.1.2.2 创新协商方式，确保村组民主协商出质量

一是扩大基层民主，规范协商层级。秭归出台的《农村基层协商民主实施办法》明确：涉及单一、牵涉面小的事项，可由当事人直接协商，也可由村落"两长八员"或村干部出面协商；与村落内的多数或所有农户相关的事项，由"两长八员"出门召集农户相互协商；对涉及复杂、牵涉面较广的事项，由村委会或村落理事会召集相关利益方共同协商；对村落理事会落实上级任务、工作分工等事项，由村落理事长召集"八员"协商；牵涉几个村落、需相关村落之间开展协商的事项，由一方理事长会同另一

方理事长组织协商，必要时村委会出面组织协商；需委托村落理事会办理的事项和涉及村落群众利益的事项，村委会在决策前要主动与相关村落理事会协商；对于架电、引水、修路、动植物疫病虫与灾害防治等涉及邻村利益的，一方村委会要主动与相关村委会协商，必要时由乡镇党委政府出面组织协商。二是转换角色观念，提高民主协商觉悟。通过划小自治协商单元，引导群众在自己推选的"当家人"组织下、在自己所在的村落内积极参加与自己切身利益直接或间接相关的公益事业，发展民主协商。路怎么修、水怎么引、电怎么架、产业怎么发展，都是自己的事自己定、自己的事自己办，群众的主人翁地位得到尊重、主人翁意识不断增强，民主自治协商的觉悟不断提高。在抓建设发展的同时，村落理事会关注村落社情民意，主动化解矛盾纠纷；以村落为单位落实清洁卫生、水利设施、乡村道路等公共管理责任区划，做到事事有人管；组织开展健康向上的文体活动，积极倡导文明新风。"幸福村落"创建 3 年后，全县 2 065 个村落组织发展茶叶、柑橘、烟叶、核桃林共 11.5 万亩，义务投工投劳 56.1 万个，自筹资金 6 200 多万元，新建、维修公路 1 115 条 3 688 千米、水渠566.17 千米、水池 6 994 口；结对帮扶困难群众 6 737 户、26 640 人，主动化解各类纠纷 1.3 万余件。

6.1.2.3　创立工作机制，凝聚村组民主协商大合力

一是建立村组协商民主配套制度。全县统一制发了《村落公益事业议决建管办法》《"幸福村落"建设考核标准》《农村基层协商民主实施办法》《村落困难群众帮扶办法》《村落矛盾纠纷调处办法》《村落环境卫生共治共享办法》等 10 多个互助制度，确保村庄协商民主工作细化到项，以制治村，依制协商。二是巧促村组协商民主发展。经常鲜明地告诉基层干部群众：国家财力、人力有限，不能等、不能靠，自己的事还得自己议、自己办。改变行政方式，把先前由乡村要办和一手操办的相关建设发展项目尽可能多地变为村落群众要办和村落群众自办、以奖代补的建设发展方式，多干多补、少干少补、不干不补，支持能干事、想干事的村落优先发展农业产业、改善村落群众生产生活环境。分层次定期对"幸福村落"创建和"两长八员"开展评比表彰，给予精神和物质上的适当鼓励。三是加大重农支农力度。县财政自 2014 年起，每年为每个村预算安排 2 万元

"幸福村落"建设资金,激励支持"两长八员"持续发挥作用。"幸福村落"创建的 3 年间,全县共安排 5 246 万元"一事一议"资金,支持村落用于道路、安全饮水等公益事业建设;整合 24 487 万元用于 29 个贫困村的整村推进,村平均投入达 844 万元;争取各类项目资金 10 多亿元用于新农村建设。四是建设村落活动阵地。采取财政补贴、单位帮扶、群众自筹等方式,逐步为每个村落落实一处 50 平方米室内活动场所和 200 平方米室外活动广场,并配备灯光、音响、图书、健身器材等文体娱乐设施。村落群众主体意识和村落大家庭意识不断增强,发展生产的热情不断高涨,大家纷纷主动找村里要求调整产业结构、兴办公益事业,逼着村里向上争取项目。同时,在民主协商过程中,大家也在逐步学会适当妥协和让步、顾大局、看长远。许多村落在理事长的带领下,成功开展了多项公益活动,过去议不成的事现在议得成了,过去办不了的事现在可以办了,一些"两长八员"威信逐步提高,成为"村两委"最重要的后备力量。村干部的危机感和竞争意识也逐渐增强,他们主动转变作风,在预防村干部不作为、乱作为等问题上正在发挥不可替代的作用。

6.1.3 云南大理:在自然村建设村民自治组织

大理州下辖 11 个县和 1 个县级市。据 2010 年的统计,大理州有 11 567 个自然村,13 747 个村民小组。从统计数据看,最大的一个村委会包含了 17 个自然村,一个自然村包含几个村民小组以及几个自然村组成一个村民小组的情况并存,而单个自然村和单个村民小组之间的重合度较高。大理州山地面积多,坝区面积小,因地形复杂,以村民委员会为单位的自治组织的服务半径过大。另一方面,村民委员会虽然是自治组织,但基本上是人民公社解体后设立的村公所的翻版,它因忙于上级的行政事务而导致其自治功能受到削弱。尽管村民委员会分设村民小组,但村民小组没有办公地点,村民小组的负责人因无报酬而缺乏积极性。从近年来的村民自治实践看,村民自治更多地表现在民主选举,民主管理、民主决策、民主监督等的实践效果有待改进和完善。村民自治如何落地生根,是大理村民自治面临的理论和实践难题。

2014 年,以重整村容村貌与革除陋俗为重点,大理州开始了自然村村民自治试点。从组织法的角度说，其试点的核心内容是，在明确村民自治不是地方自治的原则下，进一步在村民委员会组织法框架内探索自然村（或村民小组）的法律地位。以下介绍大理州自然村村民自治试点的三个案例，说明其得以推行的社会经济基础。

6.1.3.1　龙下登自然村：大理州第一个自然村村民自治组织

龙下登村属于大理市大理镇龙龛村民委员会。龙龛村委会下辖 7 个自然村，龙下登自然村为其中之一。龙下登村位于洱海边，有 3 个村民小组，共 273 户，1 200 多人。得益于优越的地理位置，村里的青壮年劳动力外出打工的较少。农地流转后，村民变成了工人，95％左右的劳动力在本村或本村附近就业。

当时村里集体经济薄弱，集体经济收入仅有一个小型停车场的停车费，而这完全不足以支持村里基本公共事务的开支。村庄公共事务完成的需要，促使村民们产生了村里的事由村里办的意愿。近年来这里的一个显著变化是旅游业的兴起。随着客栈逐步增多，旅游业收入逐渐成为当地村民的主要收入来源之一。为支撑村级公共事业支出，理事会决定收取卫生费，标准为每人每年 15 元，另外还向客栈收取标间卫生费以用于处理客栈的污水和垃圾。因毗邻洱海，从环境保护的角度考虑，将各家各户的厕所改建为公厕，修建举办传统节日等公共场所所需要的建设用地，都是在村民一致行动基础上实现的。这几件事的顺利解决，使村民们认识到了村民自治的内在需求。

但村民自治的制度建设，需要从村规民约说起。在龙龛村村委会，各自然村之间因姓氏不同、风俗习惯不同，村委会的村规民约不能适用于各自然村，村规民约的效力不能得到有效体现。龙下登村面临的主要问题是村庄建筑规划的重整、村容村貌的更新和村民乱办客事的治理，而这些问题既无法由政府介入，也无法通过原来的村规民约得到解决。村民需要制定自己的村规民约，来重新规范村内的公共事务和公益事业。

村规民约制定后，需要相应的机构来执行和实施。村民理事会和村民监事会应运而生。在龙下登村的要求下，由龙龛村委会的监督主任负责村民理事会和村民监事会的选举。经村民代表会议讨论决定，村民理事会的选举实行海选，在海选基础上再进行差额竞选，而不进行联户推荐基础上的选举。这个村以李姓为主，但选举结果却是两位张姓村民被选成理事长和副理事长。理事长为当地著名的开发商。副理事长是退休回村的公职人员，不具有本村的农业户籍。这两位都热心本村的公益事业，他们能当选的关键是受村民们的尊敬、拥护和信任，副理事长也不因户籍问题而受影响。理事会成员无报酬，但并不因无报酬而懈怠，因为他们从事这项工作时持有这样一个信念：既然由村民推选出来了，便要对村民负责。理事会的职责主要是负责村里的建筑规划、环境卫生和良好的村风民风维持。同时，每 1 个理事会成员负责联系 15 户农户，我们可以将这种联系方式理解为农村社区的网格化管理。在理事会看来，村务公开的最好方式是村民的参与。理事会每次召开会议都有详细的会议记录，村民都可以去理事会办公地点去查询。10 年前修建的公共场所，现在是村民理事会、监事会和党支部的办公地点。

龙下登村新村规民约的制定与村民理事会和监事会的产生完成于 2014 年秋天。新的村民自治机构与村民小组（长）之间职能的恰当划分是村里需要解决的重要问题。两者职能划分的原则是，医保、社保和土地管理等纯属本小组的事务，由村民小组长负责，而村民小组与理事会交叉的事务则属于理事会的管辖范围。

新的自治组织成立后，龙下登村发生了显著变化。村容村貌变得更加整洁，请客铺张浪费的陋俗得以革除，最初的试点目标得以实现。龙下登村村规民约的一个亮点，是房屋建筑规范较为细致。它是根据土地利用状况和当地民居的居住特点制定的，包括坡屋顶的倾斜度，利用公共空间的限度，底层地坪标高等。土地利用和建筑传统的"地方性知识"，通过村规民约得到了表达和体现。

龙下登村村民自治有效实现形式的探索一直处于进行时。探索由政府委托的村民自治组织参与洱海治理的新模式，成立旅游协会并负责酒店和餐饮业的管理，村民理事会和旅游协会之间的关系界定和处理等，都是他们持续探索的课题。

6.1.3.2 打竹村：有自治传统的黎族村寨

打竹村属于巍山县永建镇永安村民委员会。该村民委员会有 17 个自然村，26 个村民小组。该村委会的地域范围东西长 20 千米。打竹村离村委会 4.9 千米。打竹村在成立人民公社时设立了一个生产队，到 1970 年代分为两个生产队。现在打竹村的两个村民小组就来源于 1970 年代的两个生产队。打竹村为纯黎族村寨，共有 46 户人家，其中 45 户人家姓左，另外一户人家姓墨，共有人口 214 人。农户在村里的主要经济收入来源于核桃林，人均拥有核桃林 17 亩。目前 120 人左右的劳动力在离村庄 30 千米的大理市打工。这些务工人员平常居住在大理市，因家事和村里的公共事务会临时回到村里，办完事后又回到市里。打竹村的村民自治，需要从户长会议制度说起。

早在 1990 年代初，为便于讨论村庄的公共事务，打竹村自发成立了户长会议。户长会议由每户的户长参加，户长不能参加时委托其他家庭成员参加。在户长会议运行了一段时间后，形成了例会制度。会议地点设在现在的村民理事会和村党支部办公地点。在户长会议室里，设有 46 把椅子，即给每户留有一把椅子。户长会于农历每月初十晚上九点召开。户长会议围绕村里的公共事务，就具体事务和工作安排，如禁毒、计划生育、清洁卫生等，进行讨论和决策。

打竹村在试点推行之前，已在自然村的层面制定了村规民约和其他规章制度。打竹村的第一个村规民约制定于 1984 年。2008 年是打竹村进行村庄治理的一个关键年份。在这一年，打竹村的村民捐献建筑材料，修建了党员活动室和群众议事点。户长会议原来是在村民家里召开，产生了诸多不便。村里议事点的修建，解决了户长会议地点的问题。也是在这一年，两个村民小组共同制定了五项制度，即户长会议制度、一事一议制度、山林管护制度、财务管理制度和困难救护制度。这五项制度构成了打竹村的民主管理和民主监督制度。

试点的启动即从此开始。由村民小组召开户长会议推选村民理事会选举委员会，由该选举委员会负责村民理事会和村务监督小组的选举工作。选举办法由户长会议审议通过。理事会候选人由 18 周岁以上的村民 10 人联名或自我提名。村务监督小组由选举委员会主持召开户长会议，在村民中推选。理事会成员和村务监督小组成员采用举手表决的方式，实行等额选举。

村民理事会是村民会议、户长会议的常设机构，接受村民委员会的指导。村民理事会召开会议，应邀请2～3名户长列席会议。村民监督小组为村民自治的监督机构。村民理事会会长和村民监督小组组长领取少量报酬，而理事会和监督小组的其他成员是否领取报酬要看当年集体经济收入的情况。

目前村里集体经济收入主要来源是村民共有的一片核桃林。每年大年初一，这片共有核桃林在村民大会上拍卖，通过竞拍由出价高者取得这片核桃林当年的采摘权。除此之外，村里的集体收入还有护林、核桃管护和护秋工作经费，来源于每年农历八月十四每户集资的100元。另外，村里不定期地还会得到政府的补助经费。集体收入的剩余部分，作为村民理事会的日常经费。

每年大年初一，村民还要讨论村里的公共事务和募集救助基金。这一天的募集所得将并入集体经济收入，并主要用于补助贫困老年人、贫困在校生和有重病患者的家庭。

在这里，以自然村为单位的村民自治，并不排斥村民小组。承包地的确权工作由村民小组为单位分别开展，但两个村民小组的公共事务交叉较多，在处理交叉的公共事务时以自然村为单位。自然村理事会与村民小组各司其职，在处理村内公共事务和公益事业时相互补充。村民理事会是在村民小组的基础上产生的，原来的两位村民小组组长分别担任村民理事会会长和村民监督小组组长，出纳和会计由村民理事会成员担任。村内的一些公共事务，由村民小组来执行和实施。山林管护、财务管理和困难救助等，分别由村民小组负责。由于未分山到户的集体山林属于村民小组所用，分山到户的使用权属于农户但所有权仍属于村民小组集体所有，由村民小组负责山林管护自然具有产权基础。财务管理方面，集体山林的收入，山林、核桃林和护秋经费的收缴等，由村民小组来实施，实际上仍然是由产权决定的。因此，以自然村为单位的村民自治的含义，是在着眼于自然村的整体框架的同时，谋求村民小组间的一致行动，从而在村民小组一致行动的基础上达到自然村公共事务规则的统一，以及规则的可执行性和可操作性。

将打竹村作为自然村村民自治试点的一个重要原因，是该村有自治的传统。村里的公共事务和公益事业经过讨论甚至争吵后，总能得到较好的实施和执行。近年来，政府在这里投资修路，村里项目管理的规范化和制度化使其得到了更多的资金支持，其原因在于村民对自己的公共事务以及他们和政府的关系的调整有较好的理解，加上政府项目资金的支持，打竹村自治组织正根据其自治章程富有成效地开展工作。在公平、有效的村民自治机制下，村民能够参与政府扶持项目中来，村民自治的目标和政府扶持的目的能同时得到实现。

6.1.3.3 郑家庄：多民族聚居村寨

郑家庄自然村属洱源县三营镇共和村委会，设有一个村民小组。共和村委会的地域范围东西长5千米，郑家庄离村委会有2千米。郑家庄的称呼源于起先在此居住的姓郑汉族人家。如今，郑家庄的村民不仅仅是姓郑的汉族人家，而是由汉族、傣族、白族、藏族、彝族、傈僳族和纳西族构成。这里的4个少数民族，傣族和藏族村民为1950年代政府安置的移民和他们的后代，其他4个少数民族则是通过通婚而成为这里的村民。郑家庄有125户人家，525人。村里各民族中，汉族和藏族的人家较多，都是40户，而纳西族人家较少。郑家庄全村耕地650亩，主要农作物为烤烟、大豆和大蒜。村民还养殖乳牛。这里的个体经济较发达，村民农闲时经商，农忙时农耕。村里的集体经济收入来源于出租村民共有果园收取的租金。不久前，村民拿出13亩地，作为县政府的建设项目——民族产品展销厅的建设用地。这个展销厅建好后，村里每年能收取一笔租金。

2015年，自然村村民自治试点在郑家庄进行。在负责大理州村民自治试点的州人大和县、镇相关部门的指导下，在学习规章制度样本、成立领导小组等前期准备工作的基础上，征求了村民意见。同年4月份，选举委员会召开全村户长会即村民代表会，完成了规章制度的制定，确定了村民理事会和村民监事会的选举日。目前，村民理事会和村民监事会的选举已经结束。

郑家庄成立村民自治组织，有组织资源优势。在此之前，郑家庄已经成立了治安联防队、村民议事中心和中青年联谊协会。早在1990年代初，郑家庄村民自发成立了治安联防队和村民议事中心。治安联防队的运行机制是，将全村农户分为36个组，每组巡逻一周，每次巡逻时间为晚上八点到次日早上七点，每天巡逻三遍。每户人家每三年轮两次。对无劳动力的家庭，每年出资 20 元。二十多年来，治安联防队的巡逻从未间断，村里从未发生过治安案件和刑事案件。对此，村民的理念是"我为全村守一周，全村为我守一年"。村民议事中心由 7 个民族各出一人组成。理事会和监事会选举前，议事中心主任由藏族村民担任。在议事中心，为 7 个成员设了 7 把椅子。议事中心成员无报酬，任职不定期。村民小组长为议事中心成员，而议事中心主任则是村里的党支部书记。村里的一般公共事务由议事中心讨论决定，而重要的公共事务由议事中心召集村民代表会（户长会）讨论决定。此后还成立了中青年联谊协会，主要负责村里的文化娱乐和村民之间的沟通协调。村民之间矛盾和冲突的化解，一直是这些组织的一项重要工作。每年中秋节，全体村民共进晚餐，在晚餐会上，村民之间的矛盾和冲突大多能得到化解。

另外，环境卫生方面，家庭户院及其周围环境由各家各户自己负责清扫早已成为习惯。村庄广场和湿地的保洁则由阳光文艺队免费负责，这也成为近些年来的惯例。

郑家庄的自然村村民自治试点是成功的。村民自我服务的时间较长，自我管理的基础较好，长期以来 7 个民族各自的风俗和习惯都能得到充分尊重，拥有 125 户、525 人的村庄像一个大家庭，大家相互包容、和睦共处、其乐融融。

6.2 基本逻辑

针对村庄治理问题，基于村庄治理需求，下移治理层级，缩小参与半径，畅通参与方式，拓展参与内容，深化村民自治，是上述三地以村民小组（自然村）为单元开展村民自治试点改革的核心内容。试点改革提高了试点地区的治理绩效和产权绩效，达到了预期改革目标，这无疑是对 20 世纪 80 年代以来形成的村民自治体制及治理体系的重大突破。试点改革能够顺利进行并取得预期成效，当地村民能够顺畅参与村级事务的讨论和决策，除了当地党委和政府具有现代治理的参与理念并支持群众的参与行为外，以下改革逻辑是重要的内在驱动因素。

第一，村民间一致行动的达成是村民自治的本质需求，村民的最大化参与是达成集体行动的实现路径。现代国家的基层治理问题是国家如何为社会订立规则并获取服从的问题。为了实现这一目标，现代国家的基层治理需要解决两个方面的问题，一是国家如何获得其代理人的服从，从而确保其代理人对于国家订立之规则的执行；二是国家如何获得社会的服从，从而确保社会对于国家规则的遵从。村民自治实际上也要同时实现上述两重目标，即一方面要承接国家机构及其人员和公共资源的下沉，另一方面要满足本区域村民对于公共事务、公益事业和公共服务的供给需求。因此，村民自治本质上是要在村民间达成集体行动的一致，解决本区域范围内的公共事务和公益事业问题，同时使其"恰如其分"地落入国家治理的框架目标内，协调好国家与农民、政府与社会、行政事务与自治事务、党的领导与自治组织之间的关系，协调好自上而下的资源配置与自下而上的农民需求之间的关系。那么，如何使一定区域范围内的公共事务和公益事业领域达成一致行动，使得"村里的事在村里办成"？本区域范围内村民的广泛和深度参与，不仅有利于具体事项的充分讨论、协商，提高决策质量和治理绩效，提高自治组织在公共物品供给中的自主权，提高自治组织组织农民的能力，提高自治组织作为一个共同体的内部凝聚力，恢复并优化农村的内生性供给机制[①]；还有利于达成农民间的合作，提升乡村治理精英的参与激励和参与程度，提高村庄承接外来供给的能力；从而有利于国家与农民、政府与社会在自治组织这一平台上达成合作和一致，形成"强政府、强社会"的善治局面。因此，村庄治理功能需求基础上的结构调整要有利于村民参与的最大化。

第二，村民自治功能有效发挥的需求要求相应的组织结构调整，这是各地试点改革的逻辑缘起。从试点改革的三地看，治理结构调整基于三类村庄治理问题或者说是治理功能需求。一是因为行政事务与自治事务的冲突，村民委员会因忙于上级下达的行政事务而使得自治功能受到削弱，如广东清远。二是村民自治功能未能充分发挥，更多地表现为民主选举，民主决策、民主管理、民主监督等方面的实施效果有待于进一步改进和完

[①]　董磊明在《农村公共品供给中的内生性机制分析》中将内生性供给机制的优点概括为：农民易于表达需求偏好，供给效率较高，供给成本较低，有利于增强社会资本、维护村庄共同体等。

善，村庄事务管理和公共产品供给能力有待进一步提高，广东清远、湖北秭归、云南大理在这方面均有突出表现。三是虽然村民委员会下设在村民小组（自然村），但因缺乏法律上的身份定位而没有开展自治相关工作的正当性和积极性，如云南大理。村民自治功能效用发挥受阻和功能发挥的内在需求两者之间的张力要求进行相应的组织结构调整，即试点改革是村庄治理功能需求带来的结构调整。

第三，地域相近与规模适度、利益相关与体系等同、村民自愿及其广泛参与是在村民小组（自然村）一级实现自治的基本条件。一是地域相近与规模适度关涉到自治规模和自治单位与社会单位的关系处理问题。人口和空间是构成一个治理单元的基本要素，也是村民自治的基础。以村民小组（自然村）为单元开展村民自治，具有地缘优势。以地缘为基础的利益共同体的形成，一般经历了一个长期的过程。在共同体内部，村民之间因公共事务而协商和行动，处理公共事务和公益事业的交易成本相对较低。这是通过行政力量而形成的由若干个村民小组（自然村）组成的村落共同体所不具备的优势。自治重心下移到村民小组（自然村），自治组织从政府建构的建制村回归到由社会自发形成的村民小组或自然村，达到自治单位与社会单位的高度契合，实现了乡村共同体的重构，从根本上夯实了村民自治的社会基础，有利于激发广大村民和农村社会精英参与自治的主动性和积极性，进而实现最大化的参与并达成有效的一致行动。

二是利益相关与体系等同是指要处于等同的公共事务和公益事业供给体系中。在目前的《中华人民共和国村民委员会组织法》框架内，存在村民会议或村民代表与村民小组之间的冲突，存在村民委员会决策与村民小组实际需求之间的冲突。在包含了若干村民小组或自然村的自治组织内，某一村民小组（自然村）的某项或某几项公共事务或公益事业，对该村民小组（自然村）来说意义重大，但对该自治组织内的其他村民小组（自然村）来说可能没什么意义，或者说与他们无关。如此，在自治组织框架内，涉及村民利益的一些重要事项，由村民会议决定的强制性规定，其实践效果与预期实施效果相比较，有时候会不尽如人意。支持村民委员会自治组织的基本规则是村民自治章程、村规民约以及村民会议或村民代表会议的决定。当自治章程和村规民约不能有效实施和执行时，便会带来"自治不能"。当自治组织内不同的村民小组（自然村）因自然条件、社会结构和风俗习惯等差异而使得村民委员会的村规民约不能有效实施和适用时，应当由村民小组（自然村）根据不同情形制定适用于不同村民小组（自然村）的村规民约，使得村规民约名副其实，这也是村民自治的题中应有之意。

三是村民自愿及其广泛参与是实现有效村民自治的前提和基础。例如，在云南大理，试点改革之前，在村民小组（自然村）层级，已有自治传统和自治的非正式制度安排（如郑家庄的治安联防队、村民议事中心、中青年联谊协会，打竹村的户长会议制度、一事一议制度、山林管护制度、财务管理制度、困难救助制度等），突出表现为村规民约的约束性安排。如此，在本区域范围内农民的广泛参与、协商甚至争吵下，在村民之间、村民小组之间能够达成一致行动，达成自然村一级内部公共事务规则的统一以及规则的执行和操作，从而使公共事务和公益事业得到有效解决，也能使自治目标与政府目标在此自治框架内同时得到实现，进而有效处理了政府与农民、国家与社会之间的关系。

四是自治能力和自治绩效提高的决定性变量是治理功能与治理结构的有效匹配。试点改革的核心内容是治理结构的调整，试点改革的缘起是实现自治功能的需求。在自治结构与自治功能不断匹配、匹配不断优化的改革中，也有效协调了产权单位与治权单位、国家与社会、党的领导与自治实现之间的关系，最终带来了治理绩效的提高。因此，治理功能与治理结构的有效匹配是自治能力和自治绩效提高的关键，是决定性的自变量；国家与社会的有效委托关系，党的领导与自治实现之间的领导与被领导关系等，是处于第二层级的关系；它们共同构成了治理绩效提高的自变量。治理层级下移到村民小组（自然村）后，村民和乡村精英参与村级事务的积极性和主动性得到激发，他们广泛参与资源分配和使用的决策中，激发了村庄的内生治理活力，有效克服并回应了村民自治行政化实践中存在的政府责任无限扩大、村庄治理活力持续下降的治理困境，提高了村庄社会内部的自主治理能力，同时达到了村民自治与政府治理的双重目标。

五是基础民生类事务适宜下沉到村民小组（自然村），政治行政类事务适宜放置于建制村。这是对治理功能细化细分的进一步探索，也是试点改革得出的基本结论。村民小组（自然村）可以成为农村公共产品和公共服务的内生性供给者。"自家的事情自家办"，农民作为治理主体的积极性被激发出来后，既能解决自筹困难的问题，也能解决有效监督问题，有利于"四个民主"的开展及其实施效果提升。在广东清远，调整后的村民委员会完全成为村民自我管理、自我服务、自我教育和自我监督的自治组织，主要办理本村的生产发展、村庄规划、矛盾调解、民意表达、村容整治等村民自治事务，引导村民依法依规制定村规民约，提高自治水平。而政治行政类事务均设置于片区公共服务站。基础民生类事务和政治行政类事务分别在村民小组（自然村）和建制村的划分是有合理性的。

6.3　相关问题探讨

自治组织下沉到村民小组（自然村）有其合理性、适应性和价值性，但它也面临诸多的理论和实践困难，从全国来看，可能更是缺少可行性和普适性。中央政策文件也一直特别强调"有实际需要的地方"，本身意味着以村民小组或自然村为基本单元的村民自治试点具有选择性而非普遍性。2014年中央1号文件提出"可开展以社区、村民小组为基本单元的村民自治试点"后，2015年和2016年的中央1号文件都特别强调"有实际需要的地方开展以村民小组或自然村为基本单元的村民自治试点"。2015年11月3日中共中央办公厅、国务院办公厅印发的《深化农村改革综合性实施方案》（中办发〔2015〕49号）同样强调，"在有实际需要的地方，依托土地等集体资产所有权关系和乡村传统社会治理资源，开展以村民小组或自然村为基本单元的村民自治试点。"特别值得指出的是，开展以村民小组或自然村为基本单元的村民自治试点改革，关涉领域和范围较广，不能单纯在自治领域内讨论自治层级的可行性。此项试点改革还涉及国家与农民之间、自治单位与社会单位之间等的关系处理，农村治理体系的构建与发展方向、农村集体经济产权改革、公共财政体制改革（事权划分）等重大理论和实践问题，也需要在此改革框架内进一步深入讨论和论证。

第一，关于国家与农民的关系处理问题。村民自治本质上是要处理好本区域范围内公共事业和公共产品、公共服务的供给问题，协调好自上而下的资源配置与自下而上的农民需求之间的关系。如基本逻辑部分所述，村民的广泛和深度参与是对这一问题的基本回应。而村民的最大化参与要求并不意味着治理层级的必然下移。在村民自治的范畴内，在利益相关的决策事项中，村民的参与范围和参与程度取决于参与途径和参与形式的多寡、便捷与否。而参与途径和参与形式的提供来源并非一定是正式的组织机构，其他非正式组织和第三方组织探索和创新出来的参与形式不仅可行，而且往往更接地气、更有效率。因此，将自治层级设置在村民小组（自然村），有利于实现最大化的参与，但村民的充分参与与是否在村民小组（自然村）设置治理组织并无必然联系，村民的充分参与并不必然要求治理层级的下移。也就是说，国家与农民关系的协调处理，并不必然要求治理层级的下移。

第二，关于自治单位与社会单位的关系处理问题。社会单位是指由社会自发形成的、而非政府建构的地域相近、规模适度的自然性组织，如历史上形成的村民小组（自然村）。虽然在同一社会单位内开展村民自治，更便于实现直接民主，激发村民"自己事情自己办"的自治热情和潜力（郭芳、邹锡兰，2015），但也容易激发和巩固家族房头势力，加剧不同村民小组（自然村）之间以及不同姓氏家族之间的矛盾，孕育宗族势力的不利影响因素，不利于乡村区域的整合和乡村社会的融合（项继权、王明为，2017）。因此，自治层级下移到村民小组（自然村）并非是一个全然符合农村治理实际和治理绩效取向的选择。

第三，关于自治组织下沉与社会资源吸纳之间关系的处理问题。这一关系处理的关键同国家与农民关系处理的核心节点一致，社会资源吸纳与否和吸纳程度的决定性要素是本区域范围内的村民参与程度。而村民参与程度与自治组织是否下沉也并无必然联系。无论从村民充分参与还是吸纳社会资源的角度来看，第三方社会组织、农村乡贤等，都能起到相同抑或更大的聚集吸纳作用。因此，村民积极性的调动和社会资源吸纳并不必然要求自治组织的下沉。

第四，关于集体经济组织与村民自治组织之间关系的处理问题。也即产权单位与治权单位的关系处理问题。当前我国农村治理的基本框架是由在土地集体所有基础上建立的农村集体经济组织制度与农村自治组织制度共同构成。农村集体经济组织与村民自治组织的关系是农村基层治理最基本的制度关系，如何处理两者之间的关系，一直是农村改革的难点之一，也是存在严重分歧的问题。有学者认为，集体经济产权是集体认同和共同行动的基础，在产权和治权分离的情况下，比如清远，行政村基本不掌握集体资产，90%以上的集体资产掌握在村民小组（自然村），村民自治难以落实（孙国英等，2015）。而自治层级下移的试点改革，使村民自治组织与集体经济组织合一，使自治单位与产权单位达成一致，为村民自治奠定了经济基础，使村民自治更好地落地（徐勇、邓大才，2015）。然而，从法律和实践角度来看，集体经济产权同其他产权一样，都具有排他性。在城镇化进程中，随着农村人口和土地的自由流动，村域内的产权及集体产权关系日益多元化和复杂化，集体经济组织成员与村民往往有出入，集体经济组织成员是村民的一部分，而村民不一定拥有集体成员资格。一方面，集体经济产权可以很容易地将非集体经济成员排斥在外，不再是集体认同和集体行动的基础，从而不利于合作达成和自治实现，不利于村居的融合发展；另一方面，将自治层级下移到村民小组（自然村）使得自治规模变小，反而不利于村民自治组织"治权"与集体经济组织"产权"的统一。而且，民主与自治的发展并不必然要求建立在共有产权的基础上。

有必要提及的另外一点是，追求产权与治权的统一、追求"政经合一"，很有可能与集体经济产权改革方向、与自治绩效和产权绩效的提升目标都背道而驰。一方面，在"政经合一"的体制下，集体土地的产权关系决定着村委会及党支部的人员边界、管理边界、服务边界和民主自治边界（项继权、王明为，2017）。村民自治仅仅是拥有村集体产权的"村民"自治，外来居民和党员被排斥在公共品供给体系之外，造成巨大的管理真空，有损治理绩效。另一方面，在村社合一的条件下，集体的产权大都为村委会代行，缺乏独立的法人资格和自主经营权利，社会政治原则往往代替了经济和市场原则，且习惯性地承担了本应由国家承担的社会管理和公共服务职能。过多的职能代行和政治干预，有损产权绩效。这也成为集体经济长期难以做大做强的重要原因。此外，当前"政经分离"是政策改革方向和实践发展方向。2015年印发的《深化农村改革综合性方案》和2016年12月26日中共中央、国务院发布的《关于稳步推进农村集体产权制度改革的意见》（中发〔2016〕37号）都强调"政经分离"的必要性，要求在有需要且条件允许的地方，可以实行村民委员会事务和集体经济事务分离，并妥善处理好村党组织、村民委员会和农村集体经济组织的关系。实践中，明晰集体产权的改革也已在全国展开。

如前论述，不难看出，集体经济组织与村民自治组织的统一、产权单位与治权单位的统一、政经合一（村社合一）不是将自治层级下移到村民小组（自然村）的要件必然。落实村民自治，提高自治绩效，并不必然甚至不需要产权与治权的统一。

第五，关于自治下沉与自治上移的选择问题。这也是一个自治规模选择的问题。当前，不管是从政策取向还是从实践方向来看，自治下沉（自治规模缩小）和自治上移（自治规模扩大）同时存在。从政策取向来看，以2014年中央1号文件为始，中央在提出以村民小组（自然村）为基本单元进行村民自治试点的同时，提出了开展或深化以农村社区为基本单元的村民自治试点。从实践来看，广东清远、湖北秭归、云南大理等地在试点自治下移的改革，但山东、浙江等省份在试点如"一村一社区""多村一社区"的自治上移的改革①。两种不同发展方向的政策要求和试点改革本身说明基层实践者对于村民自治未来发展方向的分歧，也反映了中央决策的审慎和观望，希望通过试点来探索未来的发展方向，也意味着未来依然面临村民自治发展的方向性选择问题。如前所述，"村社一体""政经不分"容易带来"城乡分割"和"组织封闭"，带来自治和产权的绩效损失。而"政经分离"与自治上移有内在统一性，有绩效提升的可能性。自治上移后，村民自治与基层民主将更具有普遍性和包容性。就当前全国的状态来看，绝大多数省市仍保持现存的村民委员会组织体制，试点自治下移和上移的都毕竟还是少数。因此，就自治层级定位而言，寻求其根本的内在决定性要素至关重要。但当前状态下，自治层级下移不是一个普遍性、方向性和必然性的选择。

第六，自治功能下沉与自治组织下沉之间关系的处理。自治的部分功

---

① 2008年年底民政部确定的304个实验县的统计显示，"一村一社区"占比76.9%，"多村一社区"占比16.15%，"一村多社区"仅占7.07%。

能下沉，自治组织却未必一定下沉。建制村、自然村、村民小组的构成情况千差万别，使得它们之间的公共事务和公益事业的范围也存在各种差异。因此，村民自治的层级设置应从具体情形出发，在公共事务或公益事业涉及的村民共同体范围内实行村民自治组织形式的多元化。

6.4　改革取向

治理层级下移的改革是一项系统工程，关涉面广、关涉程度深、涉及内容杂，需要统筹谋划，分层设计，逐步推进。三地以村民小组（自然村）为单元开展村民自治试点改革，有探索性和创新性却不具备普适性和推广性，有选择性却没有方向性。

综合考虑我国现有乡村治理体系架构、全国性改革将关涉的体制机制难题、地方性试点面临的实践局限，我们认为，当前村民自治治理层级设置的基本原则是：自治组织结构保持原有设置，自治功能部分下沉。

第一，在原有组织架构内设置"两级治理、三级建制"的治理机制。经过前几年的行政村合并，现在的建制村规模进一步扩大了，大村的优势是节约行政成本，防止基层政权的碎片化。作为贯彻落实各层次上级政府政策的基层政权单元，它在提供基层公共服务、实施基层公共管理方面，有着重要功能。但它的问题在于规模太大、行政化色彩浓。由于很多村庄的公共问题都是在自然村层面上发生的，一个自然村的问题，与其他自然村往往没有任何关系，由行政性的建制村对之进行组织管理，既不妥当，也不便于百姓参与。因此，在自然村层面建立管理服务机制，发挥其治理功能，是村治改革的一个方向。但由于建制村具有重要的治理功能，不适合虚化其功能、甚至虚化其结构直至取消这一层次的自治组织。合适的做法是，确保建制村作为村民自治主导性组织的存在及其有效运作，乡镇对村级事务的指导和干预也直接对接建制村；同时，在建制村之下，建构并运作村民小组（自然村）的自治功能机制，实现真正的自治。

具体做法是，借鉴目前多数高校实行的"三级建制、两级管理"体制，即设置校、院、系三级建制，实行校、院两级实体管理。总体上，在乡镇、建制村、村民小组（自然村）也设置三级建制、两级管理。所谓两级管理，指国家权力对接到乡镇和建制村，在乡镇和建制村实行实体管理。所谓三级建制，是指对于基础民生类事务的决策层级设置，应根据各地实际情况，在具体事务的实际运行中灵活设置村民小组（自然村）的运行组织；比如，可在村民小组（自然村）进行"党的组织＋第三方社会性组织"的设置，以党组织为统领，以第三方组织为主体，开展相关公共事务和公共产品、公共服务供给的自治活动。村民自治的自治组织仍放置于建制村层级。

同时，在乡村公共服务和公共管理的诸多领域，还应打破乡镇和建制村的地理区域界线，根据相关公共服务的属性，形成一定合理规模的公共服务单元，构建复合型的基础自治组织体系，真正实现我国基层自治组织的多元化，充分释放社会自治活力。

第二，因地制宜探索建制村和村民小组（自然村）的功能划分和下沉事务。在维持原有体制机制和组织配置状态下，重新界定建制村村委会和村民小组（自然村）的功能，将公共事务和公共产品、公共服务的提供进行分类，使其在建制村村委会和村民小组（自然村）之间进行合理配置。功能和事务配置原则是：基础民生类事务，涉及经济发展和民生保障，事小、量大，难以指标化、数量化和技术化考核，适宜配置到村民小组（自然村）；政治行政类事务，涉及社会发展和稳定，事大、量小，易于指标化、数量化和技术化考核，适宜配置到建制村村委会。基础民生类事务包括宅基地分配、集体土地流转、承包地发包及调整、集体收益分配、征地及收益分配、发展集体经济和管理集体资产、农业生产服务、合作社等经济组织建设、村民贷款的协调和信用监督、公共设施修建、社会保障、村庄环境卫生整治和维护、村民纠纷调解、村庄治安维护等。政治行政类事务包括党务工作、计划生育、代理村民到政府部门办事、民兵、共青团、妇联事务、殡葬事宜，完成上级交办任务等。同时，通过试点探索，要确立村民委员会与村民小组（自然村）之间、村民小组（自然村）与其他自治组织和机构（如村民理事会）之间事权划分的基本原则。

第三，在法律上进一步明晰村民自治和政府行政的边界。应当以《中共中央 国务院关于加强基层治理体系和治理能力现代化建设的意见》为基本遵循，在总结实践创新的基础上，着眼于进一步调整政府管理和村民自治之间的关系，明确基层政府与村民自治组织之间的委托关系，明晰界定村民自治功能和政府行政职能的边界。政府要承担农村属于"公共物品"性质的基本公共服务的提供职能，包括教育、卫生、社保和连接性基础设施建设等。自治组织要承担本地属于"俱乐部物品"性质的公共事务管理和公益事业的服务职能，包括集体资产管理和收益分配、村内和田间道路建设、沟渠治理、村容整治、纠纷调解等。要创新基层社会共治模式，部分政府延伸职能，如社会治安、计划生育、环境保护、生产计划等，可以通过专项资金、财政奖补、购买服务等激励方式，委托自治组织履约完成。

第四，通过人才培育和资源吸纳加强村民自治能力建设。增强村民自治能力，始终是有效实现村民自治的必要条件。一是强化自治人才的培育与建设。要加强对村民自治的引导和规范，确保村民自治始终在法治的轨道上推进，对农村黑恶势力和族霸等垄断自治权力、破坏村民民主自治的做法，必须依法严惩。鼓励农村精英留乡、返乡，吸引更多能人参与村庄治理。将村庄管理人员培训纳入农村实用人才培养计划，为自治能力的提升奠定人才基础。二是多途径吸纳社会资源和社会参与。在村民自治组织内部鼓励和支持多种形式的自治组织和社会参与，充分调动和利用社会资源充实和发展村民自治，是村民自治的应有之意。将村民委员会下沉到村民小组（自然村）是途径之一，但并非必需，甚至混淆了现行的区域性村民群众自治组织与社会性自治组织的性质和边界。激发自治的内生活力可以多层次、多类型、多途径地来实现。一方面，可以通过社会自治组织发挥村民小组（自然村）的自治功能。当前全国不少地方通过加强村民小组（自然村）基础上的村民理事会等社会自治组织的建设达到了利用社会资源、完善村落组织、发展社会自治的目标。如山东省新泰市平安协会嵌入到乡村治理结构，有效维护了社会的安定与和谐，确保了经济社会发展的顺利推进。另一方面，可以通过纳入乡贤等重构自治组织结构，激发自治组织的内生活力与动力。如浙江省绍兴市的商会组织增加了乡村治理的社会资本，绍兴市上虞区纳入乡贤以重构农村治理结构，在乡村治理中发挥了积极作用；湖州市长兴县与台州市临海市的协商议事制度，解决了一个又一个治理难题。在治理实践中，要鼓励探索与创新非下移式的多元参与形式和吸纳途径。

本章参考文献：

郭芳、邹锡兰，2015. 广东清远探索农村综合治理改革 推行基层自治重心下移实现"零上访"，整合涉农资金"聚小钱办大事"[J]. 中国经济周刊（6）.

孙国英、李书龙，2015. 清远农综改：乡村治理改革 激发基层活力 ［EB/OL］. 南方日报. 4-21. http://gd.sina.com.cn/qy/news/2015-04-21/142717772.html.

项继权、王明为，2017. 村民小组自治的困难与局限——广东清远村民小组（自然村）为基本单元实行村民自治的调查与思考［R］. 内参文章.

徐勇、邓大才，2015. 中国农村村民自治有效实现形式研究［M］. 北京：中国社会科学出版社.

第7章 治理结构重构：乡村多元共治的结构创新

继治理层级下移的集中性和阶段性探索之后，治理结构和治理模式适应性调整的实践和试点在更多方向和维度上开展，主要表现为上浮行政类事务、下沉民生类事务、选优配强村党支部书记等。这些实践探索超出了原有治理结构和治理体系内的自适应调试，是治理结构的重构，是乡村多元共治的本质特征体现。

7.1 典型实践

基于东、中、西部地区江苏苏州、湖北荆州、贵州毕节关于乡村治理的最新探索与实践进展，本书总结典型案例并进行了比较分析，以期对乡村多元共治的运行规律、基本逻辑、发展取向及新型治理体系构建形成启发。

7.1.1 江苏苏州：试点探索政经分开，上浮行政类事务

随着经济社会发展，城乡一体化进程加速以及社区股份制改革，传统"政经不分"模式面临的一些深层次矛盾也开始凸显出来。原有的村民自治组织与集体经济组织职能不分的体制，一方面，容易导致集体资产产权不清、管理人员权责不明、公权力缺乏监督和约束、基层腐败案件多发易发等问题；另一方面，随着城镇化的快速推进，社区股份合作社普遍存在发展负担过重、发展潜力不足、分红水平不高等问题，严重制约村级集体经济规范健康发展。传统的村级管理模式既难以适应社会治理的新要求，也难以满足社区股份合作社市场化转变的新方向。

7.1.1.1 改革内容：实行政经分开改革，厘清群众自治组织和农村集体经济组织的职责、功能与权责关系

2006年，苏州市高新区枫桥街道在完成对原村集体股份制改革的基础上，先行实践了政经分开改革，按照"社会职能划归社区，经济职能留在股份合作社"的原则，积极探索剥离村"两委"对集体资产经营管理的职能，取得了显著成效。随后，全市各地积极推广这一创新做法，吴中区长桥街道、昆山市花桥经济开发区等地，分别结合自身实际，纷纷探索政经分开的途径和方法，积累了一定的成功做法和经验。截至2016年年底，苏州全市已有220个行政村（涉农社区）完成了政经分开改革试点工作。2017年8月，苏州市出台了《全面推进政经分开改革指导意见》，指导全市各地稳妥有序开展政经分开改革，该项工作成为全市城乡发展一体化综合配套改革的重要关注点。

试点探索政经分开，主要是根据乡村治理法治化和现代化的新要求，按照"公共服务和社会治理职能划归社区，三资管理和经济发展职能留在集体经济组织"的原则，重点通过组织机构、管理职能、成员对象、议事决策和财务核算"五个分开"，厘清群众自治组织和农村集体经济组织的职责、功能与权责关系，逐步建立组织健全、职责清晰和互动协作的新型农村治理体系。

一是组织功能分开。党、政、经分开后，村（社区）党组织依然是村（社区）各类组织和各项工作的领导核心，其主要职责是宣传执行党的路线方针政策，讨论决定村（社区）建设、管理和服务中的重要问题、重大事项。村（居）民委员会的职责是在政府的指导下，负责社会管理和公共服务；集体经济组织的职责是在区镇农村集体资产管理委员会和办公室的指导下，行使集体资产的经营管理权，走专业化和市场化道路，确保集体资产保值增值，做大做强集体经济。

二是选民资格分开。民主选举是按照村民委员会组织法、居民委员会组织法的规定，产生村民（居民）委员会成员。在集体经济组织内，首先按照社区股份合作社《章程》，在本集体经济组织成员中选举产生成员代表，代表比例不低于总户数的10%，成员代表大会进一步选举产生理事会、监事会成员。

三是人员管理分开。对村（社区）党组织、村（居）委会、社区股份合作社的干部选任、撤免、任期、职责、考评、考核、薪酬等方面进行分开管理。村（社区）"两委"根据村（社区）大小确定相应干部及工作人员数量。原则上，现村（社区）干部及工作人员全部归属村（居）"两委"管理。村（居）委会主任与社区股份合作社理事长实行分设，不能由同一人兼任。未撤村建居的村，村党组织书记属于本集体经济组织成员的，可兼任理事长；村党组织书记不属于本集体经济组织成员的，经过批准，可由理事会聘任村党组织书记担任理事长。社区股份合作社根据章程和市场经营管理模式，成立理事会，设理事 3~7 人，其中理事长 1 人；成立监事会，设监事 3~5 人，其中监事长 1 人。另设执行理事 1 人，负责管理、协调合作社日常事务。社区股份合作社管理人员薪酬方案由理事会提出建议，经成员代表大会通过并经区镇集体资产管理委员会办公室审核后实施。

四是财务资产分开。根据社区居委会和股份合作社职能的不同，将经营性资产和非经营性房屋资产归社区股份合作社管理，公益性非房屋资产归居委会管理，并分设公共事务账和经营账，实行资产、账务和核算分开。社区居委会设公共事务收付账，对公共事务管理活动中发生的资产、负债及所有者权益进行核算，实行社务分开。社区股份合作社按照财政部、农业部《农村合作经济组织财务会计制度》的要求，单独设立经营账，对经营活动中发生的资产、负债及所有者权益进行独立核算，实行财务公开。社区居委会公共事务账和社区股份合作社经营账由农民合作社管理服务中心代理记账，待条件成熟后社区居委会经费账逐步过渡到城市社区管理模式。

五是议事决策分开。分清村（社区）"两委"和集体经济组织的职责、民主议事决策及开支审批权限，根据职责需要合理划分各自组织机构负责事项和任职人员，科学制定各自的议事制度，明确各自的决策程序和权限，确保各个组织按照各自职责规范运作。

"五个分开"完成后，基层自治组织和集体经济组织在党组织的统一领导下，分别独立开展工作。一是明确职能定位。基层自治组织负责管理社会事务，在政府的指导下，做好本村（涉农社区）的人民调解、治安保卫、公共卫生与计划生育等工作，组织开展便民服务、法制教育和开展多种形式的社会主义精神文明建设活动。集体经济组织在区镇农村集体资产管理委员会和办公室的指导下，代表农村集体经济组织成员行使集体资产的经营权和管理权，提升农村集体资产的经营管理质量，确保集体资产保值增值。二是分开实施财务核算。基层自治组织和集体经济组织的财务核算分开设置账簿。撤村建居的涉农社区按照城市社区管理机制，在财务和组织架构上实行彻底分开。尚未撤村建居的基层自治组织和集体经济组织要先实行分账核算，各自开展财务管理；在人员使用上可统筹协调。原则上经股权固化核定的经营性资产划归集体经济组织统一经营，非经营性资产划归基层自治组织统一管理。三是明确合理分担支出项目。村（社区）基层组织和集体经济组织根据各自职能合理分摊支出项目。涉及村（社区）干部的工资、奖金、福利、办公支出等，以及基本公共服务支出，原则上由市、区镇财政承担。集体经济组织的人员经费、办公经费、集体资产经营成本、经营性固定资产购置维修等费用，以及各类福利性支出，由集体经济组织承担。集体经济相对较强的村（社区）应积极承担相应的公共服务支出，进一步提高公共服务水平。四是完善公共服务。政经分开、政社分设后，集体经济组织走市场化道路，独自承担集体经济经营支出，利润则根据章程按照一定比例向成员进行分红。原来由政府承担的社会管理和公共服务支出与集体经济脱钩，通过逐项分类清理，制定一定的标准，由区镇财政统筹解决。基层自治组织每年编制预算，经村民（居民）代表会议通过后报区镇政府（管委会），经区镇人大批准后执行。

7.1.1.2　改革特点：上浮行政类事务，归位和强化村民自治

高新区枫桥街道的改革是上浮行政类事务的典型。2006 年，枫桥街道原 24 个村农民集中居住到 7 个动迁小区，以前按村落居住的格局发生彻底改变，原村民自治组织与集体经济组织职能不分的体制已不适应发展需要。在此背景下，枫桥街道按照"行政事务划归社区管理、经济职能留在合作社"的原则，组建了 7 个社区和 24 个社区股份合作社，一步到位实行政经分开和行政功能上浮。

一是合理分流村级人员。改革前，24 个行政村共有 218 名村干部、139 名用工人员。成立社区后，218 名干部被安置到其他岗位，139 名用

工人员采用推荐就业、一次性处理的办法进行分流。每个社区股份合作社只配备1名执行董事，管理、协调合作社日常事务，极大地减轻了合作社经济负担。

二是上浮行政类功能，完善社区管理服务。在政经分开改革的基础上，将原来的"街道—居委会"调整为"街道—社区服务中心—社区居委会"。街道从7个社区"一站式"服务大厅合并为3个社区服务中心，分别对应2～3个社区居委会。街道和居委会负责社区社会管理责任，服务中心负责行政事务和公共事业类的审批，社区服务、教育、宣传、保障等职能归社区居委会。这是剥离并上浮了社区的行政类事务，归位和强化了自治功能。

三是强化集体资产经营。遵循"依法、民主、规范、彻底"原则，对原24个行政村进行了农村社区股份合作制改革，以农龄计算，将集体全部存量资产折股量化到集体经济组织成员，不保留集体股。街道成立村股份合作社管理中心，对股份合作社运行进行监管，实行集中办公、统一管理和考核。为发展壮大集体经济，2011年成立社区股份合作联社，由各村社区股份合作社入股，统筹资源抱团发展。

四是理顺费用承担主体。采取"核定项目、统一标准、扎口管理、分级承担"的办法，将原由村承担的18个福利项目逐项分类梳理，明确困难户补助、医疗统筹金等12项福利费用转由街道财政承担。其他6项费用，取消3项，3项随原村干部分流，股份合作社创造收益全部用于股民分红。

7.1.1.3 改革成效：构建新型农村治理结构，发展壮大农村集体经济

经过此番改革，苏州构建了基层党组织、村民自治组织、农村集体经济组织职责清晰、互动协作的新型农村治理结构，自治组织更好地履行公共事务治理和公共产品供给职能，农村集体经济组织在市场化的方向上统筹资源抱团发展，集体经济不断发展壮大。

村民自治组织与农村集体经济组织的性质不同，但现实中村民委员会往往代行了集体经济组织职能，从而客观上造成了农村基层组织政经不分的状态。农村基层组织政经不分如同过去国有企业政企不分一样，不仅影响集体开展正常的经济活动，也不利于农村社会管理和公共服务的提供。从苏州各地的探索来看，在政经分开的改革过程中，把农村集体经济组织

承担的社会管理和公共支出职能剥离开来，将集体资产经营管理职能赋予有名有实的农村集体经济组织，有效保护了农村集体经济组织成员的经济利益，有利于农村集体经济组织按照现代企业制度的要求建立健全相关制度，在市场化改革的方向上将农村集体经济做强做大；把公共事务治理和公共产品供给等各项社会职能划交基层自治组织并将部分行政类事务上浮，明确了基层党组织、村（居）民委员会、农村集体经济组织的职能定位及其相互关系，基层自治组织回归本位，大大提高了乡村治理效能。

7.1.2　贵州威宁同心社区：强化微自治，下沉民生类事务

贵州省毕节市威宁县草海镇同心社区位于威宁县西南部，距县城 6 公里，名为社区事实上仍是农村。同心社区有 8 个村民小组，1 097 户 5 109 人，其中，常年在外打工的有 15 人，中共党员 30 人，除了嫁来的 11 个彝族媳妇外，其余村民均为汉族。社区共有建档立卡贫困户 16 户 57 人，其中五保户 5 户 6 人、一般贫困户 11 户 510 人。社区耕地面积 3 355 亩，农作物以白萝卜、冷凉蔬菜、早熟马铃薯为主。社区共有农民专业合作社 39 个，家庭农场 7 个。2017 年，社区农民年人均纯收入 10 500 元。

基层治理方面，同心社区也面临农村双层经营体制"分"得彻底、"统"得不够、基层党组织和村民自治组织人少事多、村集体经济发展滞后、乡村社会治理和公益事业力量薄弱等问题，不适应广大农民群众对美好生活的需要，亟须通过培育本土队伍、壮大基层力量、深化自治实践，打牢治理有效的基石。为此，同心社区开始了农村新型治理体系的创新性探索，主要做法是：坚持和完善党的领导，不断健全自治组织并强化微自治，打通多元主体参与村级事务决策和治理的通道，充分发挥农民主体作用，以提高治理能力和治理绩效。

7.1.2.1　加强基层党组织建设，增强基层党组织的战斗力和凝聚力

党政军民学，东西南北中，党是领导一切的。基层党组织的战斗力、凝聚力、影响力直接决定着党的方针政策在基层贯彻落实的程度，决定着农民主体作用发挥得好坏。同心社区不断加强基层党组织建设，为农民主体作用发挥提供了坚强的组织保障，成为坚持农民主体地位的基石。

一是注重选拔有能力、有文化、有担当、有威信的党员担任社区党支

部书记。同心社区党支部书记卯昌举，今年 44 岁，年富力强，函授大专文化。1997 年在威宁县烟叶复烤厂打工，2001 年到广州、厦门、深圳、汕头等地的电子厂玩具厂打工，2004 年回村。2004 年 2 月参加县里的考试，成为草海镇计生执法大队合同制工人。2004 年 5 月被片区管理区党委选中，任草海镇北镇管理区副主任，随后任草海镇草海管理区副主任，2010 年任保家管理区副主任兼人口计生主任，2011 年当选同心村党支部书记，此后一直是连选连任。同心社区党支部与石龙村党支部联建党总支，卯昌举又当选为党总支书记。2009 年，他带头成立蔬菜专业合作社，并提供技术培训，为同心社区脱贫致富做出了贡献。2018 年，卯昌举当选为贵州省第三届人大代表，同年被推选为"全省脱贫攻坚优秀党组织书记"。从文化程度、经历和事迹看，卯昌举是个难得的经济能人和治理能人。

二是强化理论学习，不断提升村级党组织的战斗力。强化制度建设，加强理论学习，不断提升党支部的战斗力，可以更好地贯彻落实党中央的各项方针政策。同心社区以"三会一课"制度为抓手，党支部每月 10 号左右召开一次支部大会，学习各级党委政府的相关会议精神和政策文件，及时更新知识和政策储备，提升履职尽责的水平和能力。《中国共产党党章》《中国共产党党组工作条例》《中国共产党地方委员会工作条例》《习近平谈治国理政》等，是常态化的学习内容。

同心社区加强党的基层组织建设，选好基层党支部书记，提升了党的基层组织的战斗力，强化了农民在村级治理和村级建设中的主体地位，也提高了农民的满意度。调研中，当问到"想不想竞选村'两委'"时，村民孙思平回答说："这一届已经干得很好，自己就不竞选了。"调查问卷结果同样显示，100% 的受访者认为村"两委"的服务能力和服务水平远远好于十年前的水平。

7.1.2.2　精细化基层自治组织，下沉民生类事务，实现"自己的事情自己办"

同心社区基于威宁的网格化管理建立了"社区'两委'＋自管委＋十户一体"的三级自治体系。"自管委"按照"发展意愿相近、人地相邻"原则，依托自然村寨建立，由 1 名主任、2～4 名委员组成。"十户一体"由 10 户左右农户联合，选出 1 名政治素质好、带富能力强、热心公益的村民作为联户长。社区"两委"总揽全局并负责行政和政治类事务；"自管委"负责公益事业建设、生产生活服务、矛盾纠纷化解、治安群防群治自管自治等工作；"十户一体"联户内部实现生产联产、诚信联建、治安联防、卫生联保、公益联合、新风联育，形成了社区"两委"揽全局、"自管委"挑重担、"十户一体"聚合力、人民群众齐参与的农村自我管理、自我服务新格局。同时，村务公开栏张贴信息、自管委微信群和联户长微信群等现代通信与口口相传相结合的信息发布方式，保证了村民的知情权。2017 年，521 件邻里纠纷小事在"十户一体"内解决，71 件联保联防急事在"自管委"内解决，11 件难事在社区"两委"解决。这是下沉了民生类事务，缩小了治理半径和参与半径，实现了民事民议、民事民办、民事民管。

在三级自治体系内，社区"两委"和社区居民代表大会研究制定并顺利通过了规范居民行为的"十个底线"即"村规民约"。对违规操办酒席、不孝敬赡养父母、不关心未成年子女、不参加公益性义务劳动、不积极配合棚改规划等行为的居民，扣分达到 50 分时，一律纳入"不合格居民"进行管理，且不享受社区里的任何服务和党的惠民政策。管理期间根据村民表现实行加分制，当加分至 90 分时自动解除"不合格居民"。村规民约成为村民自我管理、自我激励、自我约束的有效手段。

通过建立健全基层自治组织，细密化自治组织体系，分化治理功能并下沉民生类事务，同心社区畅通了村民参与乡村自治的渠道，极大提高了村民参与村级治理的积极性和自觉性，进而提高了村级治理效能和村民满意度。问卷分析结果显示，2010 年以前，村民代表大会的村民到会率只有 20%～30%，现在村民大会到会的比例达到 60%～70%。村民管毓国说，2010 年之前干群关系非常紧张，现在大家对村干部都很拥护。村民也会关注事关他们生产生活的中央政策，通过手机、电视等了解一些时政信息。72 岁的老支书陶圣永对"中国梦""习近平新时代中国特色社会主义""乡村振兴"等理论概念信手拈来、并且说得头头是道。

7.1.3　湖北荆州枪杆村：选优配强村党支部书记

枪杆村地处沙市区东大门，318 国道贯村而过，现有 6 个村民小组和

1个自然村，村域面积15 480亩、耕地面积11 000亩、531户、2 174人。农村税费改革前，由于完成上级"普九"等达标任务和税费上交任务，村级管理费支出赤字、债权清收不力、管理不善等多种原因，截至2002年年底，形成了庞大的村组两级债务近250万元。村党支部书记五年四换，村级组织无法正常运转。2002年现任村支书上任后，重整治理格局，多措并举化村债，于2013年彻底偿清历年欠村级债务。枪杆村于2017年被中共湖北省委、湖北省人民政府授予"2014—2016年度文明村"，同年被中央精神文明建设指导委员会授予"全国文明村镇"荣誉称号。

7.1.3.1 村庄转型：从民心涣散的债务村到全国精神文明村

枪杆村的华丽转型表现在以下五个方面。

第一，农民收入由500元增至15 000元。该村支书上任前，村民人均收入低且不平衡。2002年枪杆村人均纯收入仅为512元，村民年纯收入最高为3 102元、最低为－657元。现任村支书上任后，想方设法带领村民发展产业，农民增收致富效果明显，15年收入翻了30倍。目前农户年可支配收入均在15 000元以上，并呈逐年提高趋势。多渠道帮助贫困户脱贫，2017年动态调整时贫困户67户239人，已脱贫56户205人，享受政策的有34户116人。村民主要有四种收入来源：一是通过特色种养业获得经营性收入；二是通过土地流转获得流转收入，2017年新增土地流转面积2 500亩；三是通过外出务工获得工资性收入，2017年新增进厂务工农民工250人，目前该村本地务农并季节性打工87人，常年外出务工近500人；四是通过入股分红获得资产性收入，该村将村集体经济收入和精准扶贫项目资金入股落地本村的外来企业如荆湘缘等，获得入股分红。

第二，农民精神由消极涣散转为积极向上。2002年及以前，村民情绪低落、人心涣散。由于频遭灾害，收入欠佳，债台高筑，村民逐渐对种田失去了信心，部分村民选择撂荒而外出打工，2002年，仅一个组就弃田100多亩。有的村民弃田后无所事事，甚至放弃了生活追求。2002年以来，村民精神风貌提升，乡风文明新气象逐渐显现。一是和谐家风、淳朴民风、文明乡风已基本形成。文明家庭、好媳妇、好儿子、好公婆等不断涌现，村民诚信守法，村庄邻里、家庭、干群等关系和谐、友善。二是村庄公共文化建设效果明显，村民文娱活动丰富多彩。目前村庄有占地面积350平方米、建筑面积1 140平方米的党员服务中心，内设老人和儿童娱乐活动中心、文体活动中心、综治维稳调解中心、博爱卫生康复中心等5个中心，延安精神学习教育基地、道德讲堂宣讲基地、农村实用技术培训基地等3个基地。图书室藏有图书4 000余册。

第三，农村组织由无法运转转为高效运转。2002年及以前，村"两委"班子涣散，作风飘浮。据村支书邢昌焕介绍，他刚上任时，班子表面和气，实际是一潭死水，无凝聚力、战斗力和创造力，缺乏学习意识和自我修养。2002年开始，村级各项工作逐渐有序运转，发展欣欣向荣。目前枪杆村共有村组干部9人，他们精诚团结，同舟共济，经常座谈、交心谈心，消除隔阂，缓解矛盾，有事同商量，增强了班子的凝聚力、战斗力和创造力，提高了办事效率。

第四，农村集体经济由债务缠身转为持续增收。2002年以前，村集体经济薄弱，村级债务缠身且征收没有力度，仅村干部欠村集体的债务就占村级债务的20％。2002年以来，村级收入持续增长，2017年村集体经济收入22万元。主要来源有三：一是发包机动地850亩，每年收入17万元；二是企业入股村级收入每年3万元；三是旧学校出租每年收入2万元。

第五，农村社会事业由几近停滞转为欣欣向荣。2002年及以前，村庄治理不能正常运转，村干部对职责工作应付了事，村庄公共服务几近停滞。2002年以后，社会事务发展成效显著，村容村貌逐渐改观。2017年，水、电、有线电视已实现户户通，99％农户住宅通水泥路，95％农户住上楼房，70％农户家庭安装网络，村庄有120平方米的卫生所1个，村庄基础设施完善。村庄公共服务水平提高，村庄合作医疗、养老保险实现全覆盖。村庄人居环境持续改善，目前全村共有垃圾桶500个，2个保洁员专职负责清扫垃圾，垃圾通过"村收集—镇转运—区处理"的处理系统实现了无害化处理；房前屋后"六乱"得到整治；全村植树6万株；6名专职禁烧队员全年负责巡查宣传秸秆垃圾禁烧。

7.1.3.2 转型动力："企业家型村支书"带动发展的治理模式

枪杆村如何实现了从人心涣散的债务村到全国精神文明村的华丽转

型？剖析其原动力和内在机理，我们认为，村党支部书记是村庄治理的魂魄，他的有能有为是最为关键的变量。经营者、创新者、领导者、风险承担者被认为是企业家的核心职能和角色（熊彼特、张维迎，2019）。在市场经济的要素市场上，创新能够打破均衡或实现新的均衡。对应于乡村治理市场，治理混乱或失效是为失衡，治理有效是为重建均衡，乡村治理从失衡到善治也是一个创新的过程。要素市场和治理市场运行的根本机理都在于企业家或村党支部书记基于自己的能力，撬动资源，整合要素，重塑结构，重建秩序，激发活力，实现发展。在村庄治理向善转型中，枪杆村党支部书记犹如企业家一般，切实做好了组织者、领导者、经营者、创新者的角色，实现了村庄治理结构重塑、要素资源重配、发展活力重启，转型成功。我们不妨称这类村党支部书记为"企业家型村支书"。

（1）创新组织方式，重塑治理结构。村庄治理中的治理结构失衡，带来了力量结构失衡、决策结构失衡和社会利益失衡，进而带来了治理失效问题。组织方式创新可以重塑治理结构，增强普通村民的话语权，赋予村民一个从信息告知到需求表达、再到讨论协商和共同决定的全阶段、全过程的参与经历，提高参与回应性和积极性，进而提高参与有效性。枪杆村通过提升村民参与可及性、代表性、均衡性，使得村庄治理方式由科层化向扁平化和网络化转变，保证了村庄民主参与权、议事权、决策权、管理权与监督权的实现和村庄公共物品的供给，改变并回应了民主选举有践，而民主决策、民主管理、民主监督缺乏实现机制的"村民自治失灵"（赵黎，2017）问题。

第一，参与方式广泛且便捷，保障了村民参与的可及性。参与方式即需求表达渠道，理论和实践中已有的参与方式已达几百种。枪杆村呈现的参与方式主要有组织和制度两类。在组织化参与层面上，除了常见的村级自治组织、民间组织、互助性的公益组织，以及村级组织为村民表达利益需求、参与决策、管理和监督提供了途径和保障。枪杆村经党员大会和村民代表大会协商并经绝大多数村民同意，确定了化债方案并给每一位村民送上《致债权人的公开信》，化债方案得到了村民支持并顺利化债；确定了村级集体经济的有益处置方式和经营方式，实现保值增值；组织评选了文明家庭、十星级文明户、孝德之星、好婆媳、遵纪守法光荣户等先进模范。经道德评议会和"群众说、会议论、榜上亮"的程序，对道德失范、封建迷信等丑恶现象进行评判；对个人先进典型进行公开评议；对脱贫攻坚过程中"等靠要"的精神贫困进行评议，达到"好坏大家评，落后大家帮"的目的。枪杆村最具特色的参与组织是全村群众大会。全村群众大会每年年底召开一次，要求每户至少一人参加，同时邀请上级领导参加。全村群众大会的主要内容有：总结本年度工作进展与成效；公布下一年的工作打算与思路；表彰先进，如十星级文明户、好媳妇、和谐家庭、致富带头人等。全村群众大会是实现村民知情权、监督权、参与权的平台，是实现"自己的事情自己说了算、自己的事情自己办"的良好善治局面的关键环节。

在制度化参与层面上，枪杆村制定了《说事"三字经"》《村规民约》《村民文明公约》《文明新风"十劝歌"》《村民环境卫生公约》《党员公约》等制度规则，并张贴到各家各户，规范村民言行。选取群众喜欢看、看得懂的格言、故事、漫画等，通过文化墙、宣传栏、黑板报、电子显示屏等，宣传公民道德和社会主义核心价值观，潜移默化提升村民文明意识，引导农民由"要我文明"向"我要文明"转变。

第二，参与人员覆盖利益相关者，保障了村民参与代表性和均衡性。参与的多元性、代表性和均衡性是确保参与有效性以及决策与治理事项公共性、民主性的重要保障。一是保障了参与的多元性，除了村干部、乡镇干部、驻村干部外，还包括乡贤、乡绅、能人等农村精英，以及普通村民的广泛参与，尤其是全村群众大会实现了村民参与的最大化。二是保障了参与的均衡性和代表性，枪杆村注重利益相关者对于村级治理事务的全面参与，尤其是农村精英和弱势群体的平衡参与，这主要表现在充分发挥"三老""三员"的作用上。农村精英层参与面上，枪杆村采取尊重"三老"的措施，充分挖掘正能量，让他们成为乡村有效治理的有效辅助力量。所谓"三老"，指老干部、老党员、老书记。枪杆村共有 8 名"三老"人员，很多时候他们会凭借自己的资历、地位和人脉阻碍村庄治理相关事务的正常运转。2003 年村"两委"改变策略，在村级议事协商、产业项目立项之前首先征询"三老"的意见和建议，在得到他们的理解、支持和帮助后，村级各类事务治理和公共产品提供事宜均能有序、有效开展。尤其是以"三老"为主体成立的红白理事会，狠刹"人情风"，提倡喜事新办，丧事简办，在推进移风易俗和乡风文明建设中发挥了不可替代的作用。弱势群体层面上，枪杆村采取感化"三员"的措施，变治理劣势为治理优势。所谓"三员"，指大社员（家族势力大、不容易驾驭的人员）、两劳回归人员（劳教和劳改人员）和无赖人员。在村级产业发展、公益岗位分配方面，枪杆村村"两委"征询"三员"想法，尤其是帮助"两劳"回归人员和无赖人员争取项目、发展产业，授之以渔让他们过上体面的生活。"三员"不仅不再是乡村治理的阻碍因素，反而成为有力的支持力量。

（2）创新经营方式，重配要素资源。村级产业和集体经济发展是产业兴旺和农民富裕的基础，是村级治理的重要内容。企业家首先是一个经营者（张完定、李垣，1998），要把土地、资本、劳动甚或企业家才能本身等生产要素按最有效的方式结合起来，实现资源的最优配置。带领村民走上致富之路，也是村党支部书记及其领导的村干部不可推卸的重要职责。新时代新背景下，村庄带头人首先应是个自身有经济实力的能人，许多地方选择在这类能人中发展村庄带头人，这是已被实践证明并继续被实践着的一个逻辑。枪杆村党支部书记引进新技术、新品种，开拓新市场，创新经营方式，优化配置村庄"三资"，激发了村庄经济发展动能。从这个意义上讲，枪杆村的实践为村庄带头人的选择和发展提供了另外一种逻辑：当前自身经济实力不强、但经营创新能力强的人，也是村庄带头人的吸纳对象。

第一，盘活村级资产，实现保值增值。一是盘活土地资源，灵活处置使用权和经营权。枪杆村将机动地、荒地、林地、鱼塘等集体土地资源的经营权拍卖、租赁，所得资金用于清偿村级债务和发展产业。从2003年起，先后对450亩鱼塘和造林地使用权进行了租赁和拍卖，共获取资金40多万元；通过发包200亩机动地，每年收取承包款2万多元。二是盘活存量资产，招商引资投资。在全面清理村级集体资产的基础上，集合招商引资盘活原村级小学存量资产，使其保值兑现。2006年引入中环公司落户，以25万元的价格卖断村级小学资产；同时按照镇政府关于招商引资的有关政策，投资中环公司，每年从该公司产生的利润中获得一定比例分成。集体资产实现保值增值，偿债资金来源得到保障。

第二，整合村庄要素，发展特色产业。现任村支书邢昌焕具有较高的政治理论、科学文化水平和思想道德素质。针对村民在思想、技术、能力方面的盲点，以及村干部不抓发展、得过且过的问题，他动脑筋多、出点子多、想路子多，为村庄发展引进新技术和新品种，教农民提高种养技术。他经常深入生活，和村民谈心交心，为村民解决实际困难；传技术，引路子，治穷致富，充分发挥了"双带"作用。在村支书的团结和示范带领下，凝心聚力效果显现，其他村干部也经常深入到田间地头和农户家中，传授技术知识，帮助农民解决实际困难，提供优良品种，推销农副产品，以情感人。在村支书及其他村干部的带领和引领下，村级产业逐渐发展起来，并日趋兴旺。目前全村流转土地 8 000 亩，成立 6 个专业合作社和 2 个家庭农场，以"公司＋农户＋基地"的发展模式，初步形成了高效立体中华鲟养殖基地、反季节大棚蔬菜基地、千亩优质莲藕种植基地和稻虾连作基地等四大生态农业板块基地，面积分别达 300 亩、100 个、500亩和 6 500 亩。同时加大招商引资力度，引进 8 家农业企业和 1 家工业企业，参与村级产业发展和村集体经济发展。

（3）创新领导方式，重启发展活力。一个好的领导者，要有非凡的号召力和感染力，要挖掘和激发别人的热情、才干和能力，形成共同行动和共同目标。他要把每一个手下人都配置在最能发挥其专长的岗位上，做到人尽其才、才尽其用，要信任他们、激励他们，要"在空间上集合力量，在时间上统一力量"，要准确判断问题，广泛听取意见，果断拍板定案（张维迎，2019）。同样，对于村级治理而言，达成村庄集体行动的最有效方法是畅通参与渠道，村里的事情让村民自己做主、让村民自己完成，实现民事民议、民事民办、民事民管。枪杆村正是将信任、参与、协商、公开的理念切实落实到行动上，激发了村民参与建设和发展的热情，形成了善治的良好局面。

第一，发挥熟人社会的内部信任力量，有技巧、有方法地开展工作。债务清欠工作尤其体现了村支书的领导智慧和谋略。一是在多层次协商的基础上，确定如下偿债方案：①在债务总量控制方面，全面理顺债务，降息停息化债。通过清理核实，锁定债务，严格控制债务总量。从 2003 年元月起枪杆村对高息借款实行全面停息，所欠债务按比例逐年进行偿还。

②在偿债顺序方面，坚持先本后息、先民间借款后一般往来、先群众后干部、有息让无息、全额还本让差额还本的原则，安排债务偿还顺序。在还债中，对债权人自愿放弃借款利息和愿意以过去已支付的高息抵扣本金的债务，加大逐年偿还比例，优先安排偿还。二是通过村民代表大会与利益相关者商讨确定多种偿债方式：①动员结对冲抵，协商以债化债。对同属于本村内的债权债务，引导动员债权人与债务人协商，由村集体债务的债权人与欠村集体债务的农户直接建立新的债权债务关系，消除部分村级债务。对欠村民的小额劳务款，在"一事一议"中以酬劳工日相抵。通过债权债务人对接划转，相互置换，共冲减村集体债务40多万元。②积极清收债权，依规清欠还债。对税费改革前农户所欠村提留乡统筹，根据数额大小和农民实际承受能力，与历欠户协商一致，制定分年度计划，逐步偿还。③采取灵活多样形式开展化债工作。如对举家外迁户欠村集体债务的，在群众允许、个人同意情况下，通过变卖其搬迁后的闲置房屋等资产，或发包其承包经营土地等方式，冲抵其部分债务。

第二，切实实行"三公开"，落实民主管理和民主监督，增强村"两委"权威性和公信力。此前，村级和组级财务管理混乱、财务关系混乱，乱开支、乱开口极为严重，有的村民小组生活开支每年要3万元之多，有的甚至多达十多万元。群众参与和监督缺失，村"两委"公信力较差。现任村支书及"两委"班子充分发扬民主，有效发挥村民理财小组的作用，遇事同村民商量，接受村民的监督，消除了村民的种种猜疑，村级工作得到了村民的普遍支持。建立健全一系列财务制度，实行村级财务公开，村级财务管理实现规范化、制度化。坚持"一事一议"和"谁受益谁负担"，重大项目、建设工程都经过村民代表会议讨论通过，做到了按规办事、规范报账、无违规收费。坚持村务、政务、财务"三公开"，每季度更换公示内容，群众对村里的每件工作都有知情权、参与权、监督权，透明度增强，村民放心满意度达100％。

第三，坚持"村民自己的事情自己办"的自治理念，村级社会事业有序开展。尤其是在人居环境整治中，枪杆村坚持以群众为本的乡村建设理念，让群众唱主角，依靠群众、发动群众、动员群众，建好长效机制，巧下功夫，花小钱，办大事；少花钱，能办事。一是加大植树造林力度，全村每年栽 2 万株的绿化树（或经济林），提倡种花种果种菜种绿，路渠边种花种草种菜，打造村庄绿化景观带。二是搞好渠道水花、水葫芦的清障除杂，确保渠道畅通，河水清澈。三是加强渠树管理，实行村干部包段管理，责任到人，绿化树成活率达到 90％以上，确保了渠道干净，同时接受村民群众的监督。

7.2　实践逻辑

就空间分布和时间推进来看，多元结构模式与结构重构的创新模式在当前的实践中并存运行。就模式演进来看，多元结构模式仍属传统模式中治理结构的内部调适，而治理层级的下移或上移、抑或行政类事务与民生类事务的分置与重配，都是突破了原有的治理结构，属于治理结构重构的创新性发展。但无论是内部调适还是结构重构，其基本运行规律都没有超出"功能—结构"的逻辑框架。

7.2.1　"需求—功能—结构"逻辑框架

综合来看，关于治理层级下移内在逻辑的探讨，已有研究主要沿着以下三个轨迹展开。一是治理层级下移本质上是要处理好国家与农民（国家与社会）的关系，即处理好自上而下的国家资源供给与自下而上的农民需求之间的关系，这是治理层级是否适合下移、在哪些事务维度上适宜下移的逻辑起点（贺雪峰，2017）。二是治理层级下移要在治理单位与产权单位①、利益单位之间的对称与适应关系中讨论，即在自治组织与村集体经济组织之间的关系框架内讨论，二者是否对称、是否一体化是决定治理效率高低的关键变量（徐勇、赵德健，2014；邓大才，2014；徐勇等，

---

①　所谓治理单位，是指对一定空间或范围的公共事务进行管理、协调和处理的单位。在农村最基层的社会治理单位中，治理内容包括经济管理、收入核算、利益分配、社会协调、政治组织、公共服务和民众自治，因而其治理单位也可分为管理单位、核算单位、分配单位、协调单位、组织单位、服务单位和自治单位等。所谓产权单位，是指围绕某一物而形成的权利关系、利益关系的范围和空间，主要包括两个方面：一是围绕产权进行组织、协调、分配、核算的单位；二是产权所有、占有、经营、使用、收益、分配的单位，如分配承包地的村庄、分配份地的农村村庄、分配草场的部落等。

2015；李松有，2016；项继权、王明为，2017）。三是治理层级下移的讨论关涉政府与社会之间关系的处理，即基层政府与村民自治组织之间的关系处理，也即在公共事务和公益事业方面事权的关系处理，包括：①基层政府（乡镇政府）与建制村村委会之间的关系处理，如委托关系；②建制村村委会与村民小组（自然村）之间的关系处理，尤其是事权如何划分；③村民小组（自然村）的法律定位问题。

在政治分析范畴中，国家与社会的关系本质上也是政府与社会的关系。因此，治理层级下移的内在逻辑机理可在两个方向上探求：一是国家与社会的关系（政府与社会的关系）；二是产权单位与治理单位的关系。在国家与社会的关系中，一方面涉及基层政府、建制村村委会、村民小组（自然村）之间的关系与定位问题，另一方面涉及自上而下的国家资源供给与自下而上的农民需求之间的关系问题，也即在农村公共事务治理和公共服务提供中，怎样的制度安排、组织安排、治理安排，能够适应并有效回应治理需求和农民需求，从而激发出更加良好的治理绩效。在产权单位与治理单位的关系中，本质上是产权制度安排、治理制度安排以及两者之间的契合性问题，实践中是农村集体经济组织与村民自治组织的关系处理问题。一方面，两者的一致性能够促进村民自治更好地落实，当然，民主与自治的发展并不必然要求建立在共有产权的基础上，并不必然要求"产权"与"治权"的统一；另一方面，两者的统一性遏制了农村集体经济的健康发展，并且，在"政经合一"的体制下，村民自治仅仅是拥有村集体产权的"村民"自治，城镇化过程中流动的人口资源被排斥于"管理真空"中。因而，在推行"政经分离"的集体经济产权改革中，"产权"与"治权"的对称性、统一性和适应性不是决定治理层级和治理绩效的决定性变量。

汇融性地理解上述两个逻辑路径，治理层级下移到村民小组（自然村）的内在逻辑问题就是：怎样的治理单位（制度安排），适宜并能够更加有效地回应治理功能对于组织结构设置的需求和农民对于自下而上的公共事务治理以及公共产品、公共服务的需求，从而激发更加良好的治理绩效和制度绩效。本质上仍是关乎国家与社会的关系处理，实践中涉及乡镇政府、基层党组织、建制村、村民小组（自然村）、社会组织、农民之间的关系处理。具体包括：第一，涉及国家基层组织体制和治理单位的统一性和规范性，也即治理单位（村民自治组织）与基层治理体制的组织建制、权力关系、功能结构、财政投入、公共建设等诸多法律、政策及体制性问题，存在与现行法律、政策和体制相违背或不能有效衔接的问题。第二，涉及进一步激发和充分利用社会资源以充实、发展村民自治的问题。第三，本质上是治理单位与产权单位、治理体制、治理结构、其他组织、农民需求、功能发挥等之间的契合性问题。这些问题的解决是本研究的逻辑起点。

　　组织管理学认为，结构是功能的基础，功能是结构的外在表现；功能变化引领结构调整。埃莉诺·奥斯特罗姆主张政府和市场之外的自治理，简单说来就是"靠山吃山，靠水吃水"。现代治理的相关研究和实践也表明，管理和决策越是接近问题实际发生的地方，治理效率就越高（我们不妨把它称之为"就近原则"）。因此，问题所在就是功能所在，功能所在就是结构所在。这就是"需求—功能—结构"的逻辑分析框架。

　　农村经济社会发展的新变化、新形势、新问题，要求乡村治理和村民自治的功能进行相应调整，并进而要求其组织结构进行适应性调整。在经济社会发展进程中，农村各类经济要素被激活，经济利益来源、链条和牵涉变多，农民经济自主权诉求增加，政治参与意识增强，社会服务需求增加，精神需求拓展，自治功能需求愈加精细化和即时化。这要求村民自治组织的结构包括组织形态、结构设置、人员规模及其分布，以及与其他组织之间的契合程度、能力组合等要素，进行自适应调整，使其排列组合有利于自治组织的功能实现。

　　在"需求—功能—结构"的框架路径内，我们对功能进行分解，并根据功能的性质和范围将其分类，然后确定相应的结构设置。就自治需求和自治实践来看，也基于本书第六章的实践和理论分析，我们认为，当前农村公共事务和公共产品、公共服务可分为两个大类：一是基础民生类事务，涉及经济发展和民生保障，其特点是事情小、量大，难以指标化、数量化和技术化考核；二是政治行政类事务，涉及社会发展和稳定，其特点是事情大、量小，易于指标化、数量化和技术化考核。基础民生类事务包括宅基地分配，集体土地流转，承包地发包及调整，集体收益分配，征地及收益分配，发展集体经济和管理集体资产，农业生产服务，合作社等经济组织建设，村民贷款的协调和信用监督，公共设施修建，新农保等社会保障，村庄环境卫生整治和维护，村民纠纷调解，村庄治安维护，等等。政治行政类事务包括党务工作，计划生育，代理村民到政府部门办事，民兵、共青团、妇联事务，殡葬事宜，完成上级交办任务，等等。

那么，上述功能需求适宜怎样的组织结构？这些功能如何在组织间进行配置？据上述理论分析和调研成果，我们得出以下关于治理结构与治理功能匹配的基本逻辑。基础民生类事务，更加关涉农民的切身利益和眼前利益，更加贴近农民的生活，更为农民关心，农民也更乐于参与，是一种自下而上地体现农民对于生产和生活需求的事务，属于最为贴近于问题和需求的事务。为了对农民的生产生活需求形成有效回应，适宜配置于村民小组（自然村）。政治行政类事务，相对于基础民生类事务，距离农民的生产和生活稍远，主要是上级下达的政策要求，是自上而下的具有较强政治性、行政性、规范性和国家主导性的事务。承接此类事务的治理单元应是治理体制中的"微单元"，承担国家农村基层社会组织、管理和服务功能。因要与行政体制机制有效衔接，与上级行政机构和管理机构有效对接，又涉及国家基层组织体制和治理单元的统一性和规范性，根据协同政府和"去碎片化"的治理原则，这类事务适宜配置于建制村。关于治理功能与治理结构相适配的"功能—结构"逻辑见图7-1。

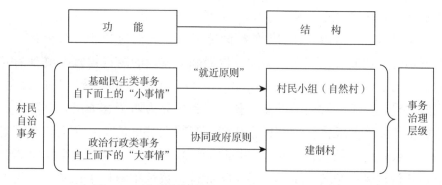

图 7-1　治理结构创新的"功能—结构"适配逻辑

清华大学中国农村研究院 2015 年的调研结果支撑上述关于治理功能配置与治理结构匹配的分析。在治理层级下沉的实践中，经济性事务尤适下沉到村民小组（自然村），以利于村民的充分参与、利益的公平配置和治理效率的提高。调研数据显示，在公共事务决策层级方面，在所列 8 项公共事务中，6 项工作的主要决策层级在行政村，包括村环境整治（76.3%）、公共设施修建（63.0%）、集体收益分配（60.2%）、村道路修建（54.4%）、集体土地流转（46.2%）、征地及收益分配（39.1%）。宅基地分配和承包地发包及调整的主要决策层级在村民小组、占比均为38.9%，远高于行政村作为决策层级的占比 10.3% 和 1.1%。村民小组（自然村）在资产管理和分配功能中占据主导，意味着经济事务更适宜下沉到村民小组（或自然村），以提升产权与治权的匹配度，这既符合理顺当前村民自治的要求，又可提高治理的专业化水平。

7.2.2　典型实践中的"需求—功能—结构"逻辑分析

治理需求的变化要求农村治理功能的相应调整。作为治理层级上移的代表，江苏苏州"政经分离"的改革源于当地的治理需求和村级集体经济发展的需求。其改革初衷也是源于当时的村级组织体制状况不适应形势发展需要。随着经济社会发展和城乡一体化进程加速，苏州普遍开展了社区股份制改革，而传统"政经不分"模式面临的一些深层次矛盾也开始凸显出来。如原有的村民自治组织与集体经济组织职能不分的体制，一方面，容易导致集体资产产权不清、管理人员权责不明、公权力缺乏监督和约束、基层腐败案件多发易发等问题；另一方面，导致社区股份合作社普遍存在发展负担过重、发展潜力不足、分红水平不高等问题，严重制约村级集体经济规范健康发展。传统的村级管理模式既难以适应社会管理的新要求，也难以满足社区股份合作社市场化转变的新方向。2006 年，苏州市高新区枫桥街道先行先试，率先实践了政经分开改革，按照"社会职能划归社区，经济职能留在股份合作社"的原则，积极探索剥离村"两委"对集体资产经营管理的职能，取得了显著成效。随后，苏州在全市各地积极推广了这一创新做法，苏州实践成为乡村治理创新和村级集体经济发展壮大的典型范例。

村党支部书记是村庄治理的魂魄，他的有能有为是最为关键的驱动力量。当前，"散"是中国农村的最大特点，农村基层党组织薄弱是乡村治理的根本弱点。习近平总书记于 2017 年 12 月 12 日在徐州考察时指出，"农村要发展好，很重要的一点就是要有好班子和好带头人。""给钱给物，不如给个好支部。"关键带头人的关键作用，是良好村治的关键力量。21世纪之初的枪杆村是一个债务高筑、治理混乱、村级组织无法正常运转的典型薄弱村。它的向善转型，亟须一个犹如企业家一般，能够发挥组织者、领导者、经营者、创新者功能的领导者，即村党支部书记，基于自身能力，撬动资源，整合要素，重塑结构，重建秩序，激发活力，实现发展。而村党支部书记的配强，农村基层党组织的壮大，成为枪杆村由欠债薄弱村华丽转变为"全国文明村镇"的关键决定力量。

贵州威宁同心社区同样需要并注重选拔有能力、有文化、有威信的党员担任社区党支部书记。党基层组织的战斗力配强了，坚持农民主体地位的原则就得到了较好的贯彻落实，农民的事情农民自己议，农民的事情农民自己办，农民的满意度也就提高了。

农村治理功能的重配需要相应的治理结构创新和重构。根据村级事务治理和村级集体经济发展的需要，本章所涉案例地区对治理事务和治理职能进行了分类、分离，并重构了治理结构、重配了治理功能。一是分离行政服务（社会管理与公共服务）职能与经济职能。苏州按照"公共服务和社会治理职能划归社区，三资管理和经济发展职能留在集体经济组织"的原则，试点探索政经分开，重点通过组织机构、管理职能、成员对象、议事决策和财务核算"五个分开"，厘清群众自治组织和农村集体经济组织的职责、功能与权责关系，逐步建立组织健全、职责清晰和互动协作的新型农村治理体系。二是分离上级政府部门延伸到村级（社区）的政治行政类事务（党政工作和社会管理事务）与基础民生类事务（部分自治事务），且将行政职能上浮、民生事务下沉。主要是重构乡村治理架构，将村委会（居委会）的社会管理和公共服务职能剥离，并重新界定组织功能。这也在一定程度上有效处理了基层自治组织的行政职能与自治功能之间的关系，有力回应了近年来备受诘难的村民自治组织"行政化""半行政化"的实践难题。贵州毕节推行网格化，建立了"社区'两委'＋自管委＋十户一体"的三级自治体系。社区"两委"总揽全局并负责行政和政治类事务，而将公益事业建设、生产生活服务、矛盾纠纷化解、治安群防群治自管自治等工作，配置于"自管委"。"自管委"以下，推行"十户一体"，实现了联户内部生产联产、诚信联建、治安联防、卫生联保、公益联合、新风连育。苏州在城乡一体化的改革进程中探索政经分开的途径，将原来的"街道—居委会"调整为"街道—社区服务中心—社区居委会"。社区社会管理责任由街道、居委会负责。创新提出"中心＋社区"的新型治理模式，街道从一开始 7 个社区"一站式"服务大厅合并为 3 个社区服务中心，分别对应 2～3 个社区居委会。服务中心负责行政事务和公共事业类的审批，社区服务、教育、宣传、保障等职能归社区居委会。

7.3 运行规律与发展取向

总结阐述乡村治理结构重构的运行规律与发展取向，不仅有助于更好地理解乡村多元共治的特征，也能够对乡村治理体系构建形成启发。

7.3.1 治理结构随着治理功能和需求的变化而变化，这是乡村治理结构发展演变的内在逻辑

村民对于村级公共产品、公共服务以及社会治理的自下而上的需求变化带来了村级治理功能的变化，进而推动了乡村治理结构和治理模式的变化。当村民需求发生改变时，村民自治功能效用发挥受阻和功能效用的内在需求之间产生张力，其解决途径或者在既有组织架构内调整，或者打破原有的治理组织和治理体制，重构治理单元和治理组织体系。埃莉诺·奥斯特罗姆认为，对于社会问题的治理，没有灵丹妙药，不存在万能药。对于特定的问题，需要利用特定的方案来解决。不是说政府失效了，就借助市场，然后市场失效了，就要诉诸政府。实践中的自主治理案例，有成功的，也有失败的。所以要具体问题具体分析。中国地域辽阔，各地自然、人文环境差异极大，如何因地制宜，探索符合各地情况的治理形式，应当是未来公共事务"良治"的基本取向（王亚华，2017）。也就是说，乡村治理宜因地制宜、具体问题具体分析，"靠山吃山，靠水吃水"，需求所在

就是功能所在，功能所在就是结构所在。

7.3.2 不断深化村民参与，这是主导乡村治理结构和治理模式发展演变的主线

乡村治理本质上是要在村民间达成集体行动的一致。解决本区域范围内的公共事务和公益事业问题，同时使其"恰如其分"地落入国家治理的框架目标内，协调好国家与农民、行政事务与自治事务、党的领导与自治组织之间的关系，协调好自上而下的资源配置与自下而上的农民需求之间的关系，是乡村治理的终极目标。本区域范围内村民的广泛和深度参与，不仅有利于具体事项的充分讨论、协商，提高决策质量和治理绩效①，还有利于达成农民间的合作，提升乡村治理精英的参与激励和参与程度，提高村庄承接外来供给的能力；从而有利于国家与农民在自治组织这一平台达成合作和一致，形成"强政府、强社会"的善治局面。治理功能的拓展、细化和分解，多元治理结构的形成，服务层级的上移和治理层级的下移，实际上是使本区域范围内的村民能够针对某一具体事项进行广泛参与、充分协商甚至有效争吵，并最终在村民之间、村民小组之间达成集体行动的一致，从而使公共事务和公益事业得到有效解决，也能使自治目标与政府目标在此自治框架和机制内同时实现。

7.3.3 细分并重配治理事务，这是治理结构创新发展的基本动因

村庄治理事务的分离，是农村经济社会发展的内在需求。农村经济社会发展的新形势、新任务、新问题，以及农民需求的多元化、品质化、专业化，分离出了民生类事务和行政类事务两类治理功能。民生类事务更加关涉农民的切身利益，是贴近于问题和需求的事务，适宜下沉。作为农村公共产品和公共服务的内生性供给者，"自管委""联户体"等建制村以下的单位，便于"自家的事情自家办"，激发农民作为治理主体的积极性。这既有利于解决公共产品供给问题，也有利于提升"四个民主"的实施效

---

① 董磊明在《农村公共品供给中的内生性机制分析》中将内生性供给机制的优点概括为：农民易于表达需求偏好，供给效率较高，供给成本较低，有利于增强社会资本、维护村庄共同体等。

果。行政类事务主要是上级布置的政策任务，是自上而下的具有较强政治性、规范性和国家主导性的事务，因要与行政体制机制有效衔接，与上级行政机构和管理机构有效对接，适宜上浮。治理单位适宜并更加有效地回应治理功能对于治理组织的设置需求，以及农民对于自下而上的公共事务治理和公共产品、公共服务需求，是理清事务分类治理的层级性并重配治理事务的内在要求。这也有利于提高治理效率、增进农民福祉、提升治理绩效。

7.3.4 发挥好农村基层党组织的战斗堡垒作用，这是乡村善治的根本前提

党政军民学，东西南北中，党是领导一切的。农村基层党组织是党在农村全部工作和战斗力的基础，农村基层党组织的战斗力、凝聚力、影响力直接决定着党的方针政策在基层贯彻落实的程度与力度，决定着乡村治理功能发挥的好坏。当前，"散"是中国农村的最大特点，农村基层党组织薄弱是乡村治理的根本弱点。"给钱给物，不如给个好支部。"凡是乡村治理良好、乡村建设成效突出的村庄，都有一个强有力的党支部和带头人的引领带动。选好用好并发挥好关键带头人的关键作用，是实现组织振兴，进而实现乡村振兴、实现乡村治理体系和治理能力现代化的首要要求和根本路径。

本章参考文献：

邓大才，2014. 村民自治有效实现的条件研究——从村民自治的社会基础视角来考察
　　[J]. 政治学研究（6）.

贺雪峰，2017. 治村 [M]. 北京：北京大学出版社.

李松有，2016. 群众参与：探索村民自治基本单元的主体基础 [J]. 山西农业大学学报
　　（社会科学版）（4）.

王亚华，2017. 增进公共事务治理：奥斯特罗姆学术探微与应用 [M]. 北京：清华大学
　　出版社.

项继权、王明为，2017. 村民小组自治的困难与局限——广东清远村民小组（自然村）
　　为基本单元实行村民自治的调查与思考 [R]. 内参文章.

徐勇、邓大才，2015. 中国农村村民自治有效实现形式研究［M］. 北京：中国社会科学
　出版社.

徐勇、赵德健，2014. 找回自治：对村民自治有效实现形式的探索［J］. 华中师范大学学
　报（人文社会科学版）(7).

张完定、李垣，1998. 企业家职能、角色及条件的探讨［J］. 经济研究（08）.

张维迎，2019. 市场的逻辑［M］. 西安：西北大学出版社.

赵黎，2017. 新型乡村治理之道——以移民村庄社会治理模式为例［J］. 中国农村观察（9）.

第 8 章　乡村多元共治：走向乡村有效治理的内在逻辑与实践进路

　　乡村多元共治的基本特征是多元主体的共同参与，近些年的相关政策文件也多次阐述了公众参与对于乡村有效治理的重要性①。探寻多元共治与有效治理之间的内在逻辑路径，剖析参与行为与治理绩效之间的内在关联性，"参与"是一个可能的"中间变量"，参与方法与技术是潜在的实现路径，社会参与是一个适宜的政治学理论工具和研究视角。

　　本章以 2019 年中央农办、农业农村部评选出的 20 个全国乡村治理典型案例（表 8-1）为分析对象，从参与方式、参与主体、参与内容、治理绩效等方面，尝试梳理和剖析成功实践的运行逻辑，呈现多元主体参与村庄治理的特征与规律，剖析多元共治的实践机理与实现方式，为新时代乡村治理的实践和理论创新提供借鉴，为加强基层治理体系和治理能力现代化建设提供参考。

---

　　① 党的十九大报告、党的十九届四中全会、《中共中央关于坚持和完善中国特色社会主义制度、推进国家治理体系和治理能力现代化若干重大问题的决定》《关于加强和改进乡村治理的指导意见》《中央农村工作领导小组办公室 农业农村部 中央组织部 中央宣传部 民政部 司法部关于开展乡村治理体系建设试点示范工作的通知》等都对此进行过阐述。阐述内容如下：坚持和强化党的领导，就要团结动员群众，发挥新时代基层党组织的坚强战斗堡垒作用，不断增强党的群众组织力。要坚持和实现以人民为中心，将人民至上的理念落实到各项决策部署和实际工作之中，就要发挥社会主义协商民主重要作用，有事好商量，众人的事情由众人商量。社会治理（乡村治理）作为国家治理的重要方面，要求完善党委领导、政府负责、民主协商、社会协同、公众参与、法治保障、科技支撑的社会治理体系，探索加强乡村治理制度建设，实现多方参与的有效途径，健全农民群众和社会力量参与乡村治理的工作机制，形成共建共治共享的乡村治理格局。

表 8-1   20 个全国首批乡村治理典型案例一览表

序号	编码	行政区域	案例名称
1	SYQ	北京市顺义区	村规民约推进协同治理
2	BDQ	天津市宝坻区	深化基层民主协商制度
3	FXQ	河北省邯郸市肥乡区	红白喜事规范管理
4	BSQ	上海市宝山区	"社区通"智慧治理
5	HTC	上海市金山区漕泾镇护塘村	村务工作标准化管理
6	TXS	浙江省嘉兴市桐乡市	自治法治德治融合
7	NHX	浙江省宁波市宁海县	小微权力清单"36 条"
8	XSX	浙江省宁波市象山县	村民说事
9	TCS	安徽省滁州市天长市	"清单+积分"防治"小微腐败"
10	LXZ	福建省泉州市洛江区罗溪镇	构建党建"同心圆"
11	YJQ	江西省鹰潭市余江区	抓宅改 促治理
12	YSX	山东省临沂市沂水县	殡葬改革破除丧葬陋习
13	DYS	湖北省黄石市大冶市	党建引领·活力村庄
14	ZGX	湖北省宜昌市秭归县	村落自治
15	YXQ	湖南省娄底市新化县吉庆镇油溪桥村	村级事务管理积分制
16	HZS	广东省惠州市	一村一法律顾问
17	NHQ	广东省佛山市南海区	织密三级党建网格
18	ZQC	四川省成都市郫都区唐昌街道战旗村	党建引领社会组织协同治理
19	HYX	陕西省安康市汉阴县	"三线"联系群众工作法
20	HSB	宁夏回族自治区吴忠市红寺堡区	规范村民代表会议制度

8.1   乡村有效治理的多元共治分析框架

本书前文对"参与技术—有效参与—有效治理"的逻辑链条已有阐述。在乡村治理中,民主选举、民主协商、民主决策、民主管理、民主监督是社会参与的应有之义,也涵盖了乡村治理的大部分内容。参与方式和参与主体在很大程度上决定了参与程度和有效参与。有效参与理论分析框架可以拓展应用到有效乡村治理分析框架中,在党的领导下,在民主决策、民主管理、民主监督的参与行为中,参与主体的广泛性、代表性,参与方式的可及性、便捷性，参与内容的层级性、程序性和规范性，能够提高参与程度并实现有效参与，进而提升治理效果和治理绩效（图 8-1）。

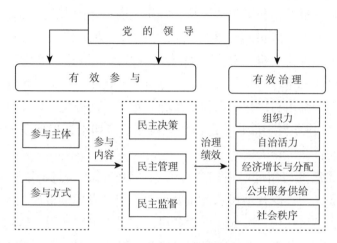

图 8-1 乡村有效治理的多元共治实现路径

8.2 乡村有效治理的多元共治实践进路

8.2.1 创新参与平台和载体，丰富参与方式

各地创建具有多维立体交互特征的参与平台和载体，畅通参与渠道，丰富村民议事协商方式，提高参与的可及性与便捷度，提升村民自治组织组织化和规范化水平。参与方式的创新途径有四种。

一是下移治理重心，缩短参与半径。DYS 以自然村（湾）为主体组建村庄党支部或党小组，建立村庄理事会，协助村民小组开展群众自治活动，形成村委会、村庄理事会、农户三级治理平台；ZGX "村党组织—村落党小组—党员" "村委会—村落理事会—农户" 两个三级架构融合运行，村落党小组和村落理事会成为党和政府与农民群众联系的桥梁纽带，村民小组自治得到延伸，群众参与治理更加便捷。

二是织密治理网格，完善群众联系机制。NHQ 构建行政村、村民小组、党小组三层党建网格，每名党员都有联系群众，每名群众都有党员联系，做到惠民政策必讲、实际困难必听，中心工作必讲、意见建议必听，

"两委"得失必讲、评议评价必听。HYX 以党员联系群众、人大代表联系选民、中心户长联系居民，拓宽了群众的诉求渠道，及时发现和掌握矛盾纠纷隐患，有效预防了生活失意、心态失衡、行为失常、家庭失和、情感失迷的"五失"人员恶性案件的发生。HSB 划定代表服务网格，以每名村民代表为原点，向外辐射所代表的农户形成网格，经常听取群众意见，征集民情民意，与所代表的农户进行常态化联系，涉及网格内农户大大小小的事，都由村民代表向村里反映，形成"网格化"联系服务群众的制度。HYC 建立村干部联系走访村民机制，定期走访确保了发现和解决问题的及时性。

三是优化参与制度，拓广参与通道。HSB 做实村民代表会议制度，把村民代表作为反映社情民意的重要渠道，积极发挥情报员、评论员、广播员"三大员"作用，唤起了广大村民的"主人翁"意识，做到了决策民主村民满意、执行有力村民拥护。HZS 做好"一村一法律顾问"制度，村法律顾问成为基层普法的宣讲员、法律文件的审查员、乡村依法自治的引导员、化解矛盾纠纷的调解员、幸福乡村的建设员、社情民意的信息员，搭建起了及时了解民情民意的平台。XSX 构建"说、议、办、评"制度体系，拓宽说的渠道，创新说的形式，形成"网格说""线上说""现场说"等新形式。

四是打造多维立体平台，创新参与渠道。TXS 以"一约两会三团"、三小组长、网格长等"微治理"方式，打通了群众参与公共事务的渠道，由点及面地重燃群众参与公益事业的热情。LXZ 在村民小组建立由党员、小组长、各类人才组成的党群圆桌会，形成"1 个党支部＋1 个党群圆桌会处事制度＋社会力量"的"1＋1＋S"同心圆模式，实现"自己的事情自己办，自己的权利自己使，自己的利益自己享"。BSQ 建立了以党建为引领、以移动互联网为载体、以村居党组织为核心、以城乡居民为主体、以有效凝聚精准服务为特点的智能化治理系统——"社区通"，进一步连通了多元主体。YXQ 创设具有"指挥棒"和"风向标"功能的积分制，有效组织引导村民参与村庄建设、产业培育、文明创建等各项事务。ZQC 培育社会组织，引进专业社工机构，提供参与议事平台，充分发挥它们在公共事务和公益事业中的作用，满足了群众多样化服务需求。YJQ 搭建群众参与宅基地改革的大平台，夯实了基层治理的组织基础，实现农村改革与乡村治理的协同推进。

8.2.2 建立主体选择机制，优化参与主体结构

各地建立有效激励机制，拓宽参与主体来源，充分发挥各类人才在乡村治理中的积极作用。一是拓宽参与主体，增强参与主体的广泛性。TXS发挥村干部、党员、"三小"组长（党小组、村民小组、农村妇女小组）等的作用，引导基层群众有序参与基层事务决策、管理和监督。ZGX民主推选村落"两长八员"（党小组长、村落理事长，经济员、宣传员、帮扶员、环卫员、调解员、管护员、张罗员、监督员），发挥他们的能人带动作用。BSQ "社区通"吸纳了更多参与力量，大量"上班族"参与到社区治理中，50岁以下群体占比达60%，参与结构更加优化，"真切的社区事"被充分讨论协商，"社会正能量"在传播。XSX引导发动政法干警、各类人才、新农人参与"说"事，2018年参与村民近4万人次，增强了"说"的广泛性。DYS村庄理事会凝聚了1.13万名农民党员、致富能手等农村各类人才，平均每个行政村直接参与基层治理的人数达到60人，村庄理事会成为基层重要的人才储备库。

二是设置选择程序，增强参与主体的代表性。HSB严格村民代表推选程序，从严把好村民代表"入口关"，探索形成了推选确认村民代表"户推、签字、公示、建档"的四步流程。坚持代表推选条件，综合考虑村组巷道布局、姓氏家族、民族性别等因素，明确党员代表、人大代表、女性代表、少数民族代表比例，形成覆盖不同层次的村民代表群体。YJQ由村民民主协商产生自己的利益代表并形成协调型理事会。理事会部分成员是村组干部，部分成员从各类人才中协调产生，单姓村"一房一理事"，多姓村"一姓一理事"。

8.2.3 拓展参与内容，深化村民自治

各地健全党组织领导的村民自治机制，不断拓展参与内容，不断拓深参与层次，不断健全参与制度，形式参与的浮躁之气逐渐褪去，致用之本的实质参与逐渐显现，治理能力和治理绩效显著改进。

8.2.3.1 规范议事决策机制和监督程序，提高决策的科学性和公平性

各地建立程序化、规范化、制度化的议事决策链，拓深参与层次，商议决议决策方案，公布和告知决策结果，使考核评价利益协调效果成为决策过程的"必经之点"，有效协调和回应了村民的利益需求、参与需求，保障了参与主体间的利益平衡与共享，增强了民主决策的权威性和公信力。

一是完善决策程序，增强治理的回应性与公平性。HSB 按照"代表提出议案—民主议定议案—公布告知议案—组织实施议案—监督落实议案"的五步工作法，打造民主议事厅，对村级重大决策、重要事务进行集体决议，并形成文字记录、留下影像资料。将民主议案结果、村委会将议定的议题、初步解决方案及程序在村部、农户居住集中区和公共活动场所等公告 5 天以上，村民代表及时告知所代表农户，村务监督委员会对议案执行情况进行全程监督并将实施情况向村民代表会议报告。BSQ 建立"提出议题—把关筛选—开展协商—形成项目—推动实施—效果评估—建立公约"的议事协商操作链，对每件办结事项进行满意度测评，做到一事一评、即办即评，倒逼干部改进作风、干事创业。LXZ 按照"群众提事、征求论事、圆桌议事、会议定事、集中办事、制度监事"的圆桌六步原则处理村民小组事务。BDQ 全面推行"确定议题、审核批复、民主协商、表决通过、公开公示、组织实施"的"六步决策法"，同时抓程序规范、抓内容细化、抓预审把关，确保了决策的有效有序。XSX 规范村党组织提议、"两委"联席会议商议、党员大会审议、村民代表会议决议和群众评议流程"五议决策法"，确保了群众的知情权、参与权、监督权。HTC 制定程序清单明确办事流程，"凡是涉及村民切身利益的事情，都让村民一起来参与决策"。决策程序的完整性，尤其是参与结果反馈和评估环节的"归位"，提高了参与程度和有效性，增强了治理的公平性和权威性。

二是规范自下而上的议事决策机制，增强决策的可接受性和治理效率。DYS 严格执行"两会三公开一报告"议事决策机制，通过村庄理事会商议、村庄群众（代表）会决议，有效解决土地纠纷、邻里矛盾等突出问题，基本实现了"小事不出理事会，大事不出村委会"。HYX 出台村

级民主协商议事制度，推行干部说法说政策、群众说事说心声、大事要事民主协商的"两说一商"工作机制，依托院落会、小组会、村民代表会、村民大会等形式，对村里公共事务、复杂纠纷等广泛开展民主协商，构建民事民议、民事民办、民事民管的协商格局。XSX推行包括干部集中议、民主决策议、分解流转议的村民"议"事制度，规范"议"的程序，提升"议"的质量，建立"议"的"直通车"，对村级无法解决的难事特事，通过"一中心四平台"直接提交上级商议决定，强化了"议"的规范性。SYQ在制定村规民约过程中，按照"三下三上"充分征求意见，纵向、横向、动态三个层面强化协同配合，深入调查研究、突出问题导向，强调分类完善的程序，村规民约更加符合实际和利于执行。规范的议事决策机制实现了由"为民做主"到"由民做主"，"政府拍板"到"群众决策"的转变，党群干群关系更加融洽，基层党组织威信不断提高。

8.2.3.2　参与民主管理，增强治理水平

各地完善相关制度，规范村干部和村民行为，增强治理能力。

一是完善管理制度。ZGX出台村落公益事业决议建管办法、"幸福村落"建设考核标准、村落矛盾纠纷调处办法等10个工作规范，指导"幸福村落"创建工作有序推进。YSX帮助干部群众算清经济、土地、资源、安全、环境和祭祀"六笔账"，顺利推进殡葬改革，实现"逝有所安、生者减负"，提升乡村文明水平。FXQ抓宣传教育、政策规范、常态巡查等，引导村民制定红白喜事操办标准，移风易俗取得良好效果。HTC建立责任清单明确村干部职责，探索形成"村干部为民解忧服务到底、村民小组长驻守一线负责到底、骨干党员引领示范包干到底"的"三个到底"工作机制，合理解决村民诉求；建立制度清单规范重要事项准则，制度清单涵盖基层民主、为民服务、项目建设、社会稳定等8个方面，并细分出38项具体制度；修订完善《村民自治章程》和《村民公约》，明确村民权利义务，提高其责任意识。

二是完善村规民约，促进德治落地生根。SYQ完善村规民约内容、建立执约机制、给予精神物质奖励等，提高村规民约约束力，使村规民约真正落地生根。TXS以"村言村语"约定行为规范、传播文明新风，综

合运用物质奖惩、道德约束等手段保障落实，使村规民约发挥更好的治理效果。HZS借助村法律顾问修改完善村规民约，把基层民主自治导入法治轨道，推动农村依法开展自治工作。

8.2.3.3 完善民主监督，增强治理的公信力和影响力

各地通过村务公开、民主评议村干部、村委会定期报告工作等形式，来监督村干部和村民委员会的工作，规范村级权力运行。

一是创新村务公开方式。HSB创新信息公开方式，在各行政村统一设立了包括党务、村务、财务、回音壁等栏目的村务公开栏，全面公开粮食直补、农村低保、征地补偿等关系群众切身利益的事项，从源头上解决了权力约束和监督效果层层递减的问题，群众满意度明显提升。BSQ针对农村地区专门开设了乡村振兴、村务公开、乡愁乡音板块，全方位展示乡村振兴工作进展，全透明公开村内财务收支、各类票据、动迁房分配、村干部报酬等村务信息，村民成为信息发布的主体之一，群众与党和政府之间的互动沟通从单向、模糊转为多维、清晰。YXQ做到一事一记录，一月一审核，一季一公示，一年一核算，每季度村务公开栏等醒目位置公示村民积分情况，接受广大村民监督，有异议的可向村"两委"反映，经调查核实后作出妥善处理。

二是健全监督评价机制。DYS建立起组织、群众、纪律、法律"四位一体"监督机制，理事会决议结果、实施方案、办理情况向村庄居民公开，重大事项向村"两委"报告等。HYX建立"三联三管强核心"工作机制，县级领导联镇、部门联村、干部联户，纪委监委延伸触角管住村干部权力。HSB发挥乡村两级监督作用，乡镇加大对各村做实村民代表会议的工作指导和备案审查力度，村务监督委员会对村民代表会议议定事项、会议记录、实施结果等进行全程监督，并将公开事项向群众聚集地延伸，消除群众监督盲点，增强监督针对性和实效性，确保村民代表会议公开、公正、透明。NHX紧扣权力行使核心环节，健全上级（党委政府）、村监会、群众监督有机统一的三级监督体系。NHQ实施重要事权清单管理，明确各类组织人选、集体资产管理、重大项目、村规民约等10类重要事权。NHX的"小微权力清单"，TCS的"清单＋积分"制度，完善村级权力监督机制，对村级权力进行有效监督，让权力公开运行于阳光

下。HTC 制定考核清单建立村干部评价体系，实现村务管理规范化、精细化，提升了村干部行权履职成效。

8.2.4 坚持党的领导，发挥基层党组织的核心领导作用

一是选优配强村级党组织干部，建强村级党组织。DYS 以村庄为单位，采取单独建、联合建的方式组建村庄党支部或党小组，鼓励党员理事会会长与村庄党小组组长交叉任职，鼓励党员进入理事会，在乡村治理中充分发挥党组织和党员的领导和先锋模范作用。NHQ 推进基层党建三年行动计划，在建强村党组织的基础上，向下延伸构建党建网格，构建村到组、组到户、户到人三层党建网格，织密简便、务实、管用的组织体系。LXZ 各村党支部根据实际村情在村民小组或片区组建党群圆桌会，会同新华网、浙江大学旅游研究所、罗溪外地商会同乡会、互联网企业、新媒体人才之家、大济公益协会等社会力量，推进党群一体，整合各类社会组织和社会资源，构建党建"同心圆"乡村末梢治理机制。

二是构建党组织领导的乡村治理工作体系。ZQC 村党支部当好"火车头"，党组织定期听取村民委员会、议事会、村务监督委员会等组织报告。TXS 注重发挥好党组织的战斗堡垒作用和村书记的"领头雁"作用，构建了党组织引领下的"一约两会三团"模式，党群干群关系更加密切。HYX 突出抓好党员干部联系群众工作，建立"党员联系群众、人大代表联系选民、中心户长联系居民"联系机制，密切党群干群关系，创新了基层工作的有效载体。

三是开展价值观教育引导，建立信任机制和社会引导机制，培育文明新风。HYX 深入开展社会主义核心价值观教育，推进"诚孝俭勤"和新民风建设。LXZ 以"党建＋文艺惠民"，用群众喜闻乐见的传统艺术演绎形式将古今家国故事和社会主义核心价值观融合起来，开展主题宣讲。BDQ 教育引导村干部增强民主意识、农民群众增强参政意识、街镇干部增强执政为民意识。

综上，20 个乡村治理的典型案例中，参与主体增多且覆盖村庄不同利益群体，正式或非正式、单维类或多维立体类、平台或制度类的参与方式更加丰富、便捷，参与的村庄事务及其环节和层次增多且程序更加完

整、更加规范，提升了参与的广度、深度和效度，提高了参与程度和有效性，进而激发了村庄发展内生动力和活力，带来了治理绩效的提高和乡村经济社会的全面发展。提升基层党组织领导力和组织力、增强村民自治活力、密切党群干群关系、保持乡村社会和谐稳定，是这些案例体现出的共同治理成效。在 HTC、NHX、YSX、DYS、ZGX、YXQ、HZS、ZQC、NHQ 等 9 个案例中，治理效果同时突出体现在提高了村庄公共产品和公共服务供给能力，如村庄基础设施、公共服务和社会保障水平大为改善，便民服务更加优质等。在 LXZ、DYS、YXQ、NHQ、HYX 等 5 个案例中，促进村庄经济发展、并带来乡村全面振兴是其突出的治理成效，如DYS 中，2018 年村民人均收入同比增长 38%；在 YXQ 中，2018 年村集体收入和村民人均纯收入分别同比增加 55.5%和 23.2%。

8.3　乡村有效治理的多元共治发展取向与政策启示

8.3.1　推进社会参与，是实现有效乡村治理的基本路径

在乡村多元共治的框架内，参与方式的丰富完善、参与主体的结构优化、参与内容的纵深拓展，有助于提高参与有效性，进而实现有效乡村治理。在 20 个典型案例中，缩短参与半径、织密治理网格、打造多维立体制度体系、完善专项治理制度是增强参与方式可及性和便捷性的经验做法，这些参与方式具有多维立体交互特征；拓宽参与范围，注重主体选择，确保参与主体的广泛性和利益相关者的代表性，很大程度上提升了参与结果的公平可接受性及政策执行的顺畅性；参与内容的拓展，决策程序的规范和参与层级的延伸，效果评估的完善及其纠偏机制的形成，有助于实现实质参与，有事好商量，众人的事情由众人商量，心往一处想，劲往一处使，取得实实在在的治理绩效。

8.3.2　提升参与方法和技术，是影响有效参与和有效治理的重要变量

选择在什么时候、在多大频率上、以什么方式，以及在多大程度上接纳公众参与，是参与方法与技术问题，也是参与中的难题。就发展趋向看，参与方式由单维方式转向多维立体交互的平台和载体。参与方式在不

同国度、不同领域有着不同特点，根据不同标准也有不同分类。乡村治理中常见的参与方式是民主决策、民主管理、民主监督、参与式预算以及民主恳谈会、公民评议会、居民或村民代表会、民主理财会、居民论坛等。以上参与方式的显著特点是单维的，而乡村治理新近实践中的参与方式以平台和载体形式出现，融合了不同参与程度、参与目标、参与主动性等多维的参与途径，通常具有"桥梁"和"纽带"作用，满足了公众对于参与方式充足性、畅通性及可及性的需求，能将不同的利益相关者凝聚到同一平台上协商沟通。参与主体由注重广泛性转向广泛性与代表性并重。参与主体维度上，影响治理效果的因素是其广泛性、代表性、参与能力等。若要在治理效果和决策结果中体现公平和各利益相关者的利益，各利益相关方代表就要在决策过程中有所表达，这就是参与的代表性。参与代表性的平衡并不必然带来相关利益的平衡，但没有参与代表性的平衡必定不会有相关利益的平衡。当前乡村治理实践对广泛性和代表性的兼顾并重是一个较大进展。参与内容由民主选举深化为"四个民主"兼顾。理论上，20世纪 80 年代以来的村民自治框架包括"四个民主"（民主选举、民主决策、民主管理和民主监督）。实践中，村民委员会的"四个民主"的实践效果，更多体现为村民委员会选举的民主性，而民主决策、民主管理和民主监督尚缺乏有效机制，因而引起人们对村民自治制度的质疑（赵黎，2017）。而 20 个典型案例中从民主选举的"单兵突进"向"四个民主"并重转变，是乡村治理实践的重大突破与进步。这些参与方法与技术，是走向有效乡村治理的基本路径。我们要重视这些发展趋向，支持和培育参与方法与技术的提升，促进乡村有效治理和乡村治理体系和治理能力现代化的实现。

8.3.3　培育参与理念，引导构建共建共治共享的乡村治理新格局

现代治理理念是治理现代化的重要前提，社会参与是决策科学化民主化的重要保障。但在实践中，假参与、表面参与甚至排斥参与仍是决策和治理的主旋律，"拍脑袋""一言堂"现象仍然存在。近期占据高频流量的"合村并居"事件就是治理主体缺少参与理念和参与意识、治理和决策中参与"缺位"、农民需求得不到正视的典型体现。而本书所涉案例不仅是

现代治理理念的有益践行者，不少地方还开始了参与文化的培育，将参与机制内植于心、外化于行，融入乡村治理的人文风气当中，形成兼具公平与效率的治理文化内核，这无疑是一个巨大进步。坚持以现代治理理念武装自己，掌握现代治理的技术和方法，不断提升治理素养和能力，支持和引导公众参与，是新时代有效乡村治理的现实需求，是坚持群众路线、团结动员群众、提升群众组织力的要求，是实现乡村治理体系和治理能力现代化的需求，也是以人民为中心的有力体现。

8.3.4　始终坚持党的领导，确保乡村治理正确政治方向

要毫不动摇地坚持和加强党对乡村治理工作的领导。基层党组织的战斗力、凝聚力、影响力直接决定着党的方针政策在基层贯彻落实的好坏与程度，决定着村民自治功能发挥的好坏。坚持和强化党的领导，就要团结动员群众，发挥新时代基层党组织的坚强战斗堡垒作用，不断增强党的群众组织力。着眼于满足群众需求，努力打造学习型、服务型、创新型党组织，充分发挥好党组织在乡村治理创新中的核心领导作用。

本章参考文献：

白杰锋、魏久鹏等，2018. 新型乡村治理体系：生成逻辑、治理功能和实践路径［J］. 新疆农垦经济（11）.

蔡定剑，2009. 公众参与：风险社会的制度建设［M］. 北京：法律出版社.

陈剩勇、钟冬生、吴兴智，2008. 让公民来当家：公民有序政治参与和制度创新的浙江经验研究［M］. 北京：中国社会科学出版社.

程为敏，2005. 关于村民自治主体性的思考［J］. 中国社会科学（3）.

崔玮，2020. 重大疫情下村支书"硬核"喊话的逻辑——一个法社会学的考察［J］. 中国农村观察（3）.

戴烽，2000. 公共参与——场域视野下的观察［M］. 北京：商务印书馆.

邓超，2018. 实践逻辑与功能定位：乡村治理体系中的自治、法治、德治［J］. 党政研究（3）.

邓大才，2018. 走向善治之路：自治、法治与德治的选择与组合［J］. 社会科学研究（4）.

杜鹏，2019. 乡村治理结构的调控机制与优化路径［J］. 中国农村观察（4）.

高其才、池建华，2018. 改革开放 40 年来中国特色乡村治理体制：历程、特征、展望 [J]. 学术交流 (11).

顾金喜，2013. 乡村治理精英综述 [J]. 中共杭州市委党校学报 (2).

郭正林，2004. 乡村治理及其制度绩效评估：学理性案例分析 [J]. 华中师范大学学报（人文社会科学版）(4).

贺雪峰，2017. 基层治理的逻辑与机制 [J]. 云南行政学院学报 (6).

侯麟科、刘明兴、陶郁，2020. 双重约束视角下的基层治理结构与效能：经验与反思 [J]. 管理世界 (5).

黄宗智，2006. 制度化了的"半工半耕"过密型农业（下）[J]. 读书 (3).

黄祖辉、张栋梁，2008. 以提升农民生活品质为轴的新农村建设研究——基于 1 029 位农村居民的调查分析 [J]. 浙江大学学报（人文社会科学版）(4).

科恩，2004. 论民主 [M]. 北京：商务出版社.

李图强，2004. 现代公共行政中的公民参与 [M]. 北京：经济管理出版社.

李祖佩，2017. 乡村治理领域中的"内卷化"问题省思 [J]. 中国农村观察 (6).

蔺雪春，2006. 当代中国村民自治以来的乡村治理模式研究述评 [J]. 中国农村观察 (11).

刘红岩，2012. 国内外社会参与程度与参与形式研究述评 [J]. 中国行政管理 (7).

刘红岩，2014. 公民参与的有效决策模型再探讨 [J]. 中国行政管理 (1).

刘平、鲁道夫·特劳普—梅茨主编，2009. 地方决策中的公众参与：中国和德国 [M]. 上海：上海社会科学院出版.

卢福营、江玲雅，2010. 村级民主监督制度创新的动力与成效——基于后陈村村务监督委员会制度的调查与分析 [J]. 浙江社会科学 (2).

马良灿，2010. "内卷化"基层政权组织与乡村治理 [J]. 贵州大学学报（社会科学版）(2).

农业农村部合作经济指导司、农业农村部管理干部学院，2019. 全国乡村治理典型案例（一）[M]. 北京：中国农业出版社.

彭涛、魏建，2010. 村民自治中的委托代理关系：共同代理模式的分析 [J]. 学术月刊 (12).

浦岛郁夫，1989. 政治参与 [M]. 北京：经济日报出版社.

孙柏瑛，2004. 当代地方治理——面向 21 世纪的挑战 [M]. 北京：中国人民大学出版社.

孙枭雄、仝志辉，2020. 村社共同体的式微与重塑——以浙江象山"村民说事"为例 [J]. 中国农村观察 (1).

孙秀林，2011. 华南的村治与宗族——一个功能主义的分析路径 [J]. 社会学研究 (1).

唐清利，2010. 当代中国社会治理结构及其理论回应 [J]. 管理世界 (4).

唐绍洪、刘毅，2009. "多元主体治理"的科学发展路径与我国的乡村治理 [J]. 云南社会科学 (6).

仝志辉，2002. 乡村关系视野中的村庄选举：以内蒙古桥乡村委员会换届选举为个案 [M]. 西安：西北大学出版社.

王锡锌，2008. 行政过程中公众参与的制度实践 [M]. 北京：中国法制出版社.

王晓莉，2019. 新时期我国乡村治理机制创新——基于 2 个典型案例的比较分析 [J]. 科学社会主义（6）.

吴春梅、邱豪，2012. 乡村沟通网络对村庄治理绩效影响的实证分析——基于湖北张珏村和邢家村的调查 [J]. 软科学（7）.

吴新叶，2016. 农村社会治理的绩效评估与精细化治理路径——对华东三省市农村的调查与反思 [J]. 南京农业大学学报（社会科学版）（4）.

肖滨、方木欢，2016. 寻求村民自治中的"三元统一"——基于广东省村民自治新形式的分析 [J]. 政治学研究（3）.

谢元，2018. 新时代乡村治理视角下的农村基层组织功能提升 [J]. 河海大学学报（哲学社会科学版）（3）.

谢治菊，2012. 村民公共参与对乡村治理绩效影响之实证分析——来自江苏和贵州农村的调查 [J]. 东南学术（5）.

徐勇，1997. 民主化进程中的政府主动性——对四川达川市村民自治示范示范活动的调查与思考 [J]. 战略与管理（3）.

徐勇，2005. 村民自治的深化：权力保障与社区重建——新世纪以来中国村民自治发展的走向 [J]. 学习与探索（4）.

徐勇，2015. 积极探索村民自治的有效实现形式 [J]. 中国乡村发现（1）.

徐勇、赵德健，2014. 找回自治：对村民自治有效实现形式的探索 [J]. 华中师范大学学报（人文社会科学版）（4）.

郁建兴、高翔，2009. 农业农村发展中的政府与市场、社会：一个分析框架 [J]. 中国社会科学（6）.

郁建兴、任杰，2018. 中国基层社会治理中的自治、法治与德治 [J]. 学术月刊（12）.

约翰·克莱顿·托马斯，2005. 公共决策中的公民参与：公共管理者的新技能与新策略 [M]. 北京：中国人民大学出版社.

张天佐、李迎宾，2018. 强化"三治"结合 健全乡村治理体系 [J]. 农村工作通讯（8）.

赵光勇，2014. 经济嵌入与乡村治理 [J]. 浙江学刊（3）.

赵黎，2017. 新型乡村治理之道——以移民村庄社会治理模式为例 [J]. 中国农村观察（5）.

郑卫荣，2010. 基于农民满意度的浙江农村公共服务评价与优化 [J]. 农业经济（7）.

中央编译局比较政治与经济研究中心、北京大学中国政府创新研究中心，2009. 公共参与手册：参与改变命运 [M]. 北京：社会科学文献出版社.

邹树彬，2003. 民主实践呼唤制度跟进——深圳市群发性"独立竞选"现象观察与思考

［J］．人大研究（8）.

Garson，G. D. and Williams，J. O. 2003. Public Administration：Concepts，Readings，Skills ［M］. *Boston：Allyn and Bacon press*.

Kaufmann，D.，Kraay，A. & Mastruzzi M.，2009. Governance Matters Ⅷ：Aggregate and Individual Governance Indicators，1996—2008 ［M］. *World Bank Policy Research Working Paper*：4978.

Oi，Jean. 1996. Economic Development，Stability and Democratic Village Self-Government. in Maurice Brosseau，Suzanne Pepper，and Tsang Shu-ki ［M］. *China Review*，*Hong Kong：The Chinese University Press*.

Parry G，Moyser G.，1990. A map of political participation in Britain ［J］. *Government and Opposition*，vol. 19.

第9章 新型网络治理体系：乡村多元共治的未来可能的更适宜解释框架

作为一种新的治理结构和治理格局，乡村多元共治的发生有其实践基础和内在逻辑，但其发展更是面临着一系列的难点堵点，如治理主体多元、治理关系多维、治理环境多样（李长健、李曦，2019），多元主体和多种利益之间的关系处理，制度设计与实践探索之间的内在张力，等等，都有待于更适宜的理论分析框架的构建。经济社会的不断发展，治理实践和理论创新的持续推进，也都决定了乡村多元共治的分析框架构建是一个动态的探索和调试过程。本章总结分析当前乡村多元共治面临的基本困境，引入网络治理理论，以期构建相对更具解释力的分析框架。

9.1 乡村多元共治面临的基本困境

如前文所述，多元、动态、复杂是乡村多元共治的基本特征，如果用一个词语来概括，"网络化"无疑是一个更为贴切的表达，也即"网络化"是乡村多元共治的本质特征。本章从"网络化"特征出发，基于实践观察和理论分析，从四个方面剖析乡村多元共治面临的现实难题。

9.1.1 参与的代表性和公平性不足

若要在治理效果和决策结果中体现公平和各利益相关者的利益，各利益相关方代表就要在决策过程中有所表达，这就是参与的代表性。参与代表性的平衡并不必然带来相关利益的平衡，但没有参与代表性的平衡必定不会有相关利益的平衡。实践中，假参与、形式参与仍广泛存在。如曾作为公共决策民主化和科学化的重要制度创新的听证会制度，一度让人充满期待，但其运行中出现的"走过场""作秀""听证专业户"等现象却备受诟病。究其本质，都是对其参与主体不均衡、利益相关者未能覆盖，进而不能达成公共性、公平性决策结果和治理结果的批评。各利益相关者的持续、广泛、深度参与，能够破解民主只存在于选举环节的难题，但那些缺少组织能力、说服能力的人很容易被排斥在有效参与之外，难以对决策形成实质性影响。经验的观察表明，那些组织化的、集中的利益主体往往能够有效地对政策制定过程施加影响，从而使政策的制定反映出对这些特定利益的偏爱。相反，各种分散的、没有得到组织化的利益主体在参与过程中对政策的影响往往是有限的。在非正式程序的协商、谈判、征求意见等过程中，分散的、未经组织的利益主体甚至根本就无法获得参与的机会，从而失去话语权和关键的参与机会。我们可以将此种情形称为"参与不均衡"或"参与失衡"（王锡锌，2007）。不同的参与主体在参与机会以及参与程度方面，存在着明显的不平衡。组织化的利益主体不论是在参与机会上，还是在参与程度及有效性方面，都处于优势。参与代表性不足和参与失衡会导致决策结果不能体现和代表普通公众的利益，进而使其失去"公共性""公益性""公平性"。多元主体参与乡村公共事务决策和治理，存在同样的问题。若处理不当会带来"形式参与"的结果进而打击参与者的积极性，甚至会危及乡村社会的和谐稳定。因此，重视参与的代表性，并在乡村多元共治的新型治理体系构建中做好参与主体层面的设计，让各利益相关者参与进来，势在必行。

9.1.2　参与主体间利益协调困难

多元主体分别代表不同的利益，这些利益之间有共性部分，更有相互冲突和矛盾的部分，网络多元共治中的政策问题常常呈现出价值冲突、复杂的动态过程和持续不断的讨价还价特点。在互动过程中，所有行动主体都要求发表意见，各行动主体都会尽力为自己或自己代表的利益相关者争取可能的最大利益，他们的交互融合使得相关决策变得非常复杂。网络化的组织之间的协调可能比公共部门之间的协调更加困难。如大量自治性或准自治性机构的出现已经导致了更多需要协调的组织的出现。部门间有效协作的缺失通常会导致政策真空或疏漏，进而导致一些重要的公共问题无法得到解决。并且，行动主体间的网络组织关系存续时间长久，还会随着行动主体间的互动和对问题空间理解的变化而改变（Koppenjan and Klijn，2004）。这类问题也常态化地存在于乡村治理实践中，"半熟人社会"的地理区域内，所涉事务越是具体，牵涉的利益主体往往越是多而复杂，决策制定的牵绊也越多，利益协调相对困难。这种境况下，通过设定利益协调机制（过程控制机制），处理好各类组织之间的利益关系，非常必要。

9.1.3 决策无果或决策低质问题

有大量社会成员参与的"网络化"治理结构和其他类型的结构，可能出现"公地悲剧"问题（Stephen P. Osborne，2016）。公共部门之外的多元主体扮演着信息提供者、公共利益的构成者以及公共部门决策权力的制约者的角色，他们的参与也有缺陷：公众所掌握并提供的知识和信息具有非全面性，且有时带有偏见，导致决策低质；众多参与者也意味着多种利益竞争，带来决策无果。由于资源的有限性，政府专业人员理性的充分实现意味着对公众参与一定程度上的限制；但对公众参与的限制，又可能导致决策过程和结果的民主性和正当性的损失。本书第三章提到，不同主体的参与时机、参与程度一定程度上取决于我们最终需要的是决策质量还是决策的可接受性。乡村治理中，在多元主体参与成为既成事实的情况下，需要注入一些超越参与各方利益的价值理念，需要具备清晰的决策制定规则。如果不存在前置规则或强有力的非正式规范，单纯通过讨价还价来达成共识可能会产生平庸的结果。因此，乡村多元共治的新型治理体系构建，需要设定规范化、程序化的决策制定规则。

9.1.4 不确定性和风险

网络是实现集体行动的可行手段之一，网络治理有潜力成为一个建立信任和实现理想结果的可行手段，将各个行动主体凝聚在一起，并使行动主体间的互动变得整体有序。但"网络化"结构中的成员是由不同性质的主体组成的，其价值观念和资源优势都存在差异，多元共治易呈现出不稳定、不和谐的状态，增加治理的风险和不确定性。即使有问责机制的纠错功能，但事后的补救要付出代价，带来资源的滥用和时间的浪费。倘若治理中不存在权威机构，引导各方凝聚在一起并保障决策结果的公共性方向，治理战略的不确定性也将大大加剧。因此，让政府监督其他行动主体的做法，依然为政府的控制和管理提供了额外的保障机制。在乡村治理中，坚持党的领导，发挥基层党组织的核心领导作用，是保持乡村治理正确方向、维护农村社会和谐稳定的不二原则。当然，"软法"（如村规民约）也是其中一种或一套方便而有效的治理工具。

9.2　网络治理：适宜于多元共治的一个可能的解释框架

面对乡村"网络化"多元共治中出现的新现象和新困境，已有的理论模型和乡村治理模式面临包容不足或解释无力的困境，有待于寻求更为适宜的理论工具和分析框架，指导乡村治理实践，并在实践基础上进一步发展完善相关理论。

9.2.1　已有研究视角

对于"网络化"治理，已有研究主要从三个视角对这个问题进行了回应。

一是基于社会关系网络视角，以关系网络分析为路径，展示行动者之间的互动模式。有的研究认为，正式和非正式的治理网络之间是相互"啮合"的：非正式治理资源如家族纽带能够弥补正式制度缺失所带来的透明度和问责不足问题（Y. Peng，2004）。有的研究提出，外生性社团的嵌入，有助于化解乡村冲突和纠纷（陶郁、刘明兴，2014）。很多研究从社会资源或社会资本理论出发，探讨个体行动者如何凭借社会关系，进一步转化和强化其所拥有的政治资本和社会资本，"工具性"地实现相关目的（罗家德、李智超，2012；艾云、周雪光，2013）。也有研究突破单一类型网络，采纳更具综合性的多重网络分析，剖析处在不同层面的异质性网络关系对农村基层治理的影响机制，并进一步揭示村庄社会网络所载负的本地社会传统对治理质量产生作用的条件及其局限性（徐林、宋程成、王诗宗，2017）。

二是基于行动者网络理论视角，以单一主体的治理活动为坐标，通过关注和观察该主体与其他主体间的互动关系，展示多元共治格局下的乡村治理运作，如村党支部书记在乡村治理过程中如何处理与上级政府、村委会、一般村民、体制外精英和村庄外部力量等异质行动主体的关系，从而努力使各方在治理过程中实现互利共赢、构建乡村治理行动者网络（谢元，2018）。

三是基于实践创新的视角，以促进自治、法治、德治相结合、实现有效治理为标杆，梳理地方乡村治理的最新探索实践，展示新时期乡村治理创新的路径特征，并指出以"自治""法治""德治"或"三治结合"为抓手的创新不足的问题（王晓莉，2019）。

上述研究对于"多元共治"的治理系统进行了创新性研究，"网络"关系的探讨更是关注了不同主体之间的互动和交互作用及其对于有效治理的积极意义。不同层次、不同时间维度和场域环境的研究丰富了乡村治理研究的观察视野和内涵，拓展了多学科理论的现实应用范围，为探索和创新乡村振兴背景下乡村有效治理的实现路径提供了借鉴。从宏观和治理系统角度看，目前许多研究分析仍习惯用"强国家—弱社会""全能主义国家模式"等结构性因素，侧重于一对或几对乡村治理过程中社会关系的研究，没有统筹考虑乡村治理中不同社会关系之间的互动和影响。虽然也有学者开展了多重网络关系的互动研究，但讨论范畴仍囿于"几对关系"，缺少系统视角的全面观察，也就不能得出适用"多元"如何"共治"的一般性机理、规律和结论。从微观和治理主体角度看，现有研究主要集中于社会结构、体制机制、功能效果、影响因素等方面，而对于在体制机制中发挥主观能动作用的"人"的关注仍然不足，对异质性主体之间的交互作用及这种互动的动态性变化缺少探讨，也就无从认识各类主体在治理系统中的功能作用和运作过程，陷入越来越解释无力的尴尬境地。

9.2.2 网络治理视角

治理研究存在三大学派：公司治理（Corporate Governance）[①]、善

---

① 也称为共同治理或合作治理，指的是为组织提供方向与责任的内部系统和过程。

治①及公共治理。本书所涉治理从属于公共治理的范畴，而网络治理是公共治理、更准确地说是新公共治理的研究范畴②。治理倡导广泛的参与和对网络成员（参与主体）的授权。在政策场域中，行政机构仅仅是众多行动主体中的一员（Kjaer，2004；Newman，2005）。政府日益依赖于非正式的权力和影响力，而不是正式的权威。在治理体系内，问题的解决方式并不是中央权威机构强制下属机构和人员接受它们制订的解决方案，而是具有不同利益、价值观、认知取向和权力资源的多元行动主体通过互动和协商共同寻求问题的解决方案（Koenig-Archibugi，2003）。治理概念均倾向于强调治理是发生在行动主体结成的网络之中。

随着新公共治理带来的碎片化和多元化的发展，垂直的部门整合和横向的部门联合的组织建构方法已经呈现瓦解趋势，分析单位变为由公共管理者与公共服务组织构成的网络及混合式的组织形式。在网络中，公共管理者和公共服务组织需要协同起来共同提供公共服务（O′Toole，L，Meier，K. and Boyne，G.，2007）；混合式的组织形式是一种碎片化、混杂式的组织架构，这种组织形式不再适合应用于单一的社会部门之内（Evers，2008）。网络成为一个独具特色的模式。治理网络是彼此间相互依赖的公共部门、准公共部门和私人部门结成的相对稳定社会关系模式的一种表现，该模式围绕着复杂的政策问题或政策项目而出现和建立。网络治理的核心特征是网络和合作机制，它比市场机制有着更为持久的社会承诺及信任，但又比等级制更加灵活和更具分权性（Marsh and Smith，2000）。同时它还能够反映治理所面临的挑战的多样性、复杂性和动态性，克服对问题的界定过于简单、政策过于僵化和静止、政策对象过于泛化的弊端。

网络治理由五个维度界定：①多元主体（个体或组织）参与；②多元主体之间开展互动和博弈以达成各自利益；③多元主体之间的互动是复杂的、动态的；④多元主体之间复杂、动态的互动和博弈通过一定的协调机制和过程控制实现利益共享；⑤治理结果是寻求创新性的、融合了各方价

---

① 指超国家组织（如世界银行）所倡导的关于社会治理、政治治理和行政治理的规范模型。

② 公共治理包括五个分支：社会—政治治理，公共政策治理，行政治理，合同治理和网络治理。英国学者 Stephen P. Osborne 新近提出区别于公共行政、新公共管理的新公共治理，并将网络治理作为新公共治理的重点研究内容。

值理念、信息和资源的解决方案，是对各类不同行动主体的不同价值进行彼此整合的努力和尝试。这五个定义性特征，恰与当前乡村多元共治的特征相契合。

某种意义上，近代以来的民主及法律制度是基于人的竞争行为而作出的设计和安排，处于统治地位的是竞争—协作模式。人类历史正在经历前所未有的多元化、个性化、开放性、流动性等新特征，特别是社会生活中的高度复杂性和高度不确定性，正在重塑人的行为模式，竞争—协作模式也正在转向以合作为基础的制度设计和治理模式。

基于对当前经济社会发展、乡村治理环境与特征以及网络治理理论的认知，本书认为，以达成合作为目标的乡村网络治理分析框架能够更精准地表达当前"多元互动""多元共治"特征的治理范式和治理系统。

9.3 乡村多元共治的新型网络治理体系

网络治理的本质是具有不同价值理念的行动主体间的政治斗争。网络治理本身吸收了多种协调机制，包括信任机制、规则和上级控制机制（等级制）、市场机制和讨价还价机制等。进一步对本书第三章构建的"多元主体参与乡村治理的分析框架"进行修正，本章试图构建一个应对上述治理困境、解释"多元共治"治理活动运行逻辑的乡村新型网络治理分析框架（图9-1）。该框架包括社会参与机制、信任机制、利益平衡机制、社会引导机制以及党的领导，其核心是以合作为基础的利益平衡机制，本质是合作机制。

9.3.1 社会参与机制

社会参与机制的设计，可以基于参与主体、参与方式、参与内容、参与程度、参与保障、参与效果评估及其纠偏提升等维度进行谋划。目前中国的社会参与机制正处于起步后的成长阶段，乡村治理中的多元参与却仍处于起步阶段，参与程度可以由参与方式和参与主体两个方面来界定，结合当前乡村网络治理的实践特点和政策需求，在此主要从参与方式和参与主体角度设计社会参与机制。

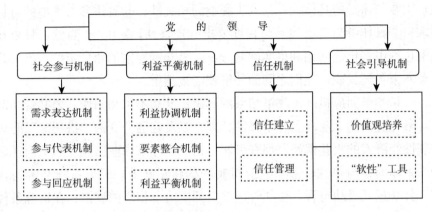

图 9-1 乡村多元共治的新型网络治理分析框架

一是需求表达机制。有效参与的实现首先需要使利益相关者的需求和建议得到表达并被告知参与结果，然后其相关权益才有可能得到主张和实现。社会参与实际上是社会中不同利益群体和利益集团的参与，是他们的利益和要求在决策过程中进行表达的问题。完整的利益表达，不仅仅是一个游说的过程，更是一个施加压力和利益博弈的过程。需求和利益表达机制的畅通是社会主体开展参与活动的基础，是保护参与者参与热情和利益相关者利益的前提，是确保参与主体具有代表性的重要保障机制。

二是参与代表机制。治理和决策事项的利益相关者都要在参与主体层面有所体现，且各方利益相关者在事关决策实质影响力的利益表达能力、联盟组织能力、资源筹集能力、协商沟通能力、公关营销能力等方面是势均力敌的。经验的证据表明，普通村民作为弱势群体在互动博弈过程的影响力往往有限；而除了其他利益群体的强势表达，看似中立的专家参与通常也会因"专家被俘""专家专制""专家越位"而损害决策过程公开性和决策结果民主性。因此，要注重增加弱势群体的参与机会和参与分量，同时平衡不同参与主体之间的冲突。为确保决策结果的公共性和科学性，在价值选择领域，社会参与能够促进正当性和民主性，但并不同时损害理性；在手段选择的技术领域，更多专家理性的运用能够促进决策理性，而并不必然损害正当性和民主性。参与主体人员和规模的确定要综合考虑以下因素：①决策事态的紧急性；②方案内容的专业性；③介入时机的阶段性；④参与途径的具体性；⑤利害影响的相关性；⑥具体参与事项的目标要求；⑦具体参与事项的参与程度要求（托马斯，2004）。当然，只要在决策过程中将价值问题和事实问题分开，公众和专家的角色定位清晰，公众和专家各司其职，他们之间的冲突就能被消解。

三是参与回应机制。决策结果的不确定性和不可预知性，公共管理部门对参与过程的态度和参与结果的处理，以及普通公众的"搭便车"心理和理性经济人的收益偏好，都有可能挫伤网络体系内业已建立起来信任和参与主体的参与热忱。参与回应机制的构建意味着，只要有社会参与环节，公众意见吸纳与否，公共管理部门都要给予相应的反馈；在资源条件允许的情况下，要尽量使公众的合理意见和需求在决策结果中得到体现。

9.3.2 利益平衡机制

把各类主体吸纳到乡村治理网络体系之后，就要平衡不同主体的需求和利益，求"最大公约数"，实现利益共享，达成治理目标。网络治理中，各种组织能够通过合法的、竞争性渠道与政府保持联系，使决策者面对不同的立场和观点，在利益的相互交涉中努力寻得"最大公约数"，有赖于利益协调机制、要素整合机制和共享机制的建立健全和规范运行。

一是利益协调机制。持续的、稳定的沟通能帮助网络主体共享知识和信息，协商解决问题，增进共识，提高治理绩效。要充分利用正式与非正式这两类沟通渠道，在增强正式沟通渠道权威性的同时，注重非正式渠道的规范，丰富各主体议事协商形式，实现各主体间的知识与信息共享、共同协商解决问题，增强治理网络各主体间的凝聚力，促成有效沟通、有效协调和有效合作（周星璨，2019）。核心参与主体通过搭建平台和沟通协调，将自身的兴趣和利益与其他参与者的兴趣和利益相关联或一致，从而使其他参与者认可并参与由核心参与者主导构建的网络。在每个活动中，所有行动者通过"转换"和"被转换"，将兴趣和利益相关联，完成角色界定、力量转换的过程，各类行动者得以组合，相互之间建立稳定的关系，进而构建起行动者网络。在此网络中，一切行动中的要素被纳入统一的解释框架，从而使行动得以有效开展。

二是要素整合机制。协调整合机制的逻辑在于运用制度安排来协同价值观念、整合资源为主体间合作共治服务。价值协同主要靠内生的社会资本发生作用。资源整合即有机整合各主体的资源和力量，为共同目的服务。村民是乡村治理的主体力量，为乡村治理提供自治依托。乡村精英通过个人魅力和社会资本起到带头引导作用，凝聚村民力量。各种类型的社会组织通过经济、公益或自治活动来改善农民生活、促进农村经济文化发展。乡镇党委和政府作为乡村治理的国家政权组织，一方面发挥指导与引导作用，落实好国家各项政策，支持农村社会自主治理，为乡村网络治理释放足够的治理空间，另一方面要拥有监督其他主体行为的效力，承担规范、稳定社会秩序的职责（周星璨，2020）。

三是利益共享机制。利益共享和组织间的互惠行为是网络化组织得以存在的前提，组织间的相互依赖和频繁互动是网络化组织得以持久存续并实现各自利益的基本动因（Stephen P. Osborne，2016）。利益得到平衡化的关键取决于"必经之点"，这个点相当于漏斗的窄端，迫使部分网络行动者收缩话题和注意力，经由"必经之点"后，所有行动者的兴趣利益发生连结（我们不妨将这个过程称为"转译"过程）。设置"强行通行点"，能够实现过程控制。乡村治理主体之间的利益分配是乡村治理中的核心问题，治理的过程就是利益平衡的过程，从行动者网络理论视角来看，村庄治理中核心行动者在实现自己利益目标的同时，能促进其他行动者利益目标的实现，其他行动者的利益实现，需以满足核心行动者的利益为前提。只有借助网络、通过"转译"，治理主体找到了与其他行动者共同关注的话题，获得了调动资源、行使权力的机会，由此而使治理行动中的各类行动者的共同利益得以实现，从而达成治理目标。在此过程中，治理主体对任何一方利益所提供的知识和信息需要基于公共利益的视角，进行审慎的分析和考量。因此，要达到利益共享的目标，治理主体在乡村治理中重点关注的问题应有"公""共"和"私"三个方面。"公"指的是公权力或上级党委、政府的决策部署能否在村里得到有效的贯彻落实，"共"是指村民的切身利益能否得到维护。治理主体在村庄治理中，必须具备平衡能力，实现"公""共"与"私"之间的平衡，取得让各方都满意的结果，成为核心行动者。否则，一旦关系失衡，治理主体就会失去上级的支持，失去群众的信任，在村庄中丧失威信。因此，治理主体在乡村治理中关注的核心问题或主要障碍是：如何实现公权力与村民利益的平衡，同时在实现这种平衡的同时，促进自身的发展。据此，我们可以认定，乡村治理行动者网络中的"必经之点"应是实现公权力、村民利益与个人利益之间平衡的关键所在。

9.3.3 信任机制

信任是指参与主体一方对其他参与主体的意图较为稳定和积极的看法，即认为其他的参与主体将会抑制机会主义行为。对于网络中的各个行动主体来说，信任是促进流畅的互动、信息的交流，以及其他必要条件的一个非常重要的因素。建立应对不确定性风险的信任机制往往依赖于保障机制与和声誉相关的激励措施。保障机制可以采取保证金、罚款，以及其他合同协议的形式。信任出现并维持的一个基本条件是互惠行为，而这种互惠行为正是治理网络中所发生的行为。网络中的行动主体需要彼此来实现他们单独无法实现的结果，并且网络会促进紧密的互动和相互依赖关系。相互依赖和频繁互动是任何已经建立的治理网络的核心特征，信任只有通过相互依赖和早期互动才能得以持续。信任是治理网络运行和取得积极成果的一个有利条件，它在治理网络中的价值在于：一是降低交易成本；二是增强合作和网络关系的稳定性；三是学习与知识的交流；四是创新（Edelenbos，J. and Klijn，E. H.，2007）。信任使得行动主体之间的关系治理成为可能，并且有利于促进合作，并提高组织间的合作绩效。

信任不是与生俱来和自然形成的，为了建立信任，必须在紧密互动的基础上对网络进行积极管理。建立信任的网络管理工具有四种：一是安排，包括一些把治理网络中的互动转变为临时性的组织结构的战略；二是内容探索，发掘出不同行动主体的不同观点以及在互动过程中可能产生的创新性解决方案，并将不同行动主体的想法联系起来；三是联系，确保行动主体间的联系和交流，改进行动主体之间的关系等；四是过程共识，在行动主体间就互动过程的规则和互动方法方面达成一致意见（Stephen P. Osborne，2016）。

构建信任有两个途径：一是基于声誉、过去的行为或者合同和协议形成对未来合作的期望；二是拥有足够的信任，愿意冒风险发起合作。具体实施步骤有二：第一步是形成信任建立圈：进行风险管理，合作各方在目标协商、结构的清晰性、期望的明确表达、在考虑权力和影响力关系的基础上制定各方共同同意合作议程的意愿和能力方面做出努力。第二步是维持信任建立圈：合作伙伴成员的识别、目标的复杂性和多元性、风险和脆弱性、合作结构的复杂性和动态变化性、权力的失衡等问题，都对信任的建立和维持提出了严峻的管理挑战，要对这些变化和挑战同时管理、持续管理，以培育和维护合作关系（Stephen P. Osborne，2016）。

9.3.4　社会引导机制

社会引导机制的本质在于，有效应用信任和价值观，设计社会引导机制，并通过形塑环境来形塑行为。具体做法和步骤有二：

一是通过价值观的培养来引导组织行为。这些价值观往往能够促进公共政策的实施，并有利于公共目标的实现。这也是成本最为低廉和结果最为有效的方法。如果能够对价值观进行形塑、对动机进行引导，则在没有任何资源投入的情况下便可以实现预期治理结果，并且这些机制的效力往往是持久的。当然，首要的是将公共部门的公共性价值理念制度化，并将公共价值扩展到提供公共服务和开展治理的子（地方）治理结构中。

二是采用以协商为基础的"软性"工具①。随着治理日渐成为现实，治理工具也从正式工具向软性工具转变。用更具参与风格的"软法"替代法律和正式权威的控制类工具，成为一种优先策略。例如，村规民约的制定完善及其落地生根，能够有效引导并规范村民参与治理的行为并助推善治的实现。再如，国际治理中的"开放式协调法"、"欧洲社会对话"等，其功能效用与村规民约类似。当前，"软性"工具的规范化和制度化，是一种必然发展方向。

9.3.5　党的领导

党的基层组织是党全部工作和战斗力的基础，也是党执政的基础。在

---

① 软法研究于20世纪70年代在域外兴起。相对于硬法的刚性，软法的规范是指引性的而非强制遵守的。这是软法的本质特征，也是软法其他属性的基础和源头。软法之所以在事实上发生效应，得到人们的学习和遵守，主要源于通过沟通所达成的共识和认同。

打造共建共治共享的社会治理格局过程中，党建引领将是我国未来基层社会治理纵深发展的不竭动力，必将发挥重要作用。基层党组织的战斗力、凝聚力和影响力如何，直接决定着党的方针政策在基层贯彻落实的好坏与程度，决定着乡村治理功能发挥的好坏。要突出政治功能，坚持用习近平新时代中国特色社会主义思想定向领航，不断提升基层党组织的凝聚力、组织力、执行力，把基层党组织建设成为宣传党的主张、贯彻党的决定、领导基层治理、团结动员群众、推动改革发展的坚强战斗堡垒。

为与处于不断变化和调整中的治理实践和治理逻辑形成回应，本书最后一章构建了乡村多元共治网络治理分析框架。但该分析框架在严谨性、周全性和解释性方面都还有些许瑕疵，笔者在后续研究中将继续努力，尽力将之优化完善。笔者之所以大胆地在此将这一构想提出，更多的是从动态发展和抛砖引玉的角度，为乡村多元共治与有效治理之间的实现路径和运行逻辑提供一个可能的发展方向上的解释框架，引出更多网络治理范畴内关于乡村有效治理实现形式和体制机制创新的讨论和研究，期待更多融合了政治学、管理学、社会学等多学科交叉维度上关于乡村有效治理探讨的重磅研究成果不断涌现。

本章参考文献：

Stephen P. Osborne 编著，包国宪、赵晓军等译，2016. 新公共治理？——公共治理理论和实践方面的新观点［M］. 北京：科学出版社.

艾云、周雪光，2013. 资本缺失条件下中国农产品市场的兴起——以一个乡镇农业市场为例［J］. 中国社会科学（8）.

李长健、李曦，2019. 乡村多元治理的规制困境与机制化弥合——基于软法治理方式［J］. 西北农林科技大学学报（社会科学版）（1）.

罗家德、李智超，2012. 乡村社区自组织治理的信任机制初探——以一个村民经济合作组织为例［J］. 管理世界（10）.

陶郁、刘明兴，2014. 群众社团与农村基层冲突治理［J］. 政治学研究（2）.

王锡锌，2007. 组织化对公众参与过程的影响［R］. 财产权与行政法保护：中国法学会行政法学研究会 2007 年年会论文集.

王晓莉，2019. 新时期我国乡村治理机制创新——基于 2 个典型案例的比较分析［J］. 科学社会主义（6）.

谢元，2018. 新时代乡村治理视角下的农村基层组织功能提升［J］. 河海大学学报（哲学社会科学版）（3）.

徐林、宋程成、王诗宗，2017. 农村基层治理中的多重社会网络［J］. 中国社会科学（1）.

约翰·克莱顿·托马斯，2004. 公共决策中的公民参与：公共管理者的新技能与新策略［M］. 北京：中国人民大学出版社.

周星璨，2019. 湖南：乡村网络化治理的实现路径［J］. 区域治理（10）.

Edelenbos, J. and Klijn, E. H., 2007. Trust in Complex Decision-making Networks: A Theoretical and Empirical Exploration［J］. Admininstration and Society, 39（1）: 25 –50.

Evers, A, 2008. Hybrid Organizations: Background, Concepts, Challenges, in S. Osborne (ed.) The Third Sector in Europe, London: Routledge.

Kjaer, A M., 2004. Governance, Cambridge［M］. Policy Press.

Koenig-Archibugi, M., 2003. Global Governance, in J. Mitchie (ed.) The Handbook of Globalization［M］. Cheltenham: Edward Blgar.

Koppenjan, J and Klijn, E, 2004. Managing Uncertainties in Networks［J］. London: Routledge.

Marsh, D. and Smith, J. J., 2000. Understanding Policy Networks: Towards a Dialectical Approach［J］. Political Studies. 48: 4 – 21.

Newman, J (ed), 2005. Remaking Govemance: Peoples, Politics and the Public Sphere［M］. Bristol: Policy Press.

O'Toole, L, Meier, K. and Boyne, G., 2007. Networking in Comparative Context［J］. Public Management Review, 9（30）: 401 – 20.

图书在版编目（CIP）数据

中国乡村多元共治的理论与实践研究 / 刘红岩著
. —北京：中国农业出版社，2021.12
ISBN 978-7-109-28999-4

Ⅰ.①中…　Ⅱ.①刘…　Ⅲ.①农村－群众自治－多元
化－研究－中国　Ⅳ.①D638

中国版本图书馆 CIP 数据核字（2022）第 006700 号

中国乡村多元共治的理论与实践研究
ZHONGGUO XIANGCUN DUOYUAN GONGZHI DE LILUN YU SHIJIAN YANJIU

中国农业出版社出版
地址：北京市朝阳区麦子店街 18 号楼
邮编：100125
责任编辑：王秀田
版式设计：王　晨　　责任校对：周丽芳
印刷：北京通州皇家印刷厂
版次：2021 年 12 月第 1 版
印次：2021 年 12 月北京第 1 次印刷
发行：新华书店北京发行所
开本：700mm×1000mm　1/16
印张：13.75
字数：220 千字
定价：58.00 元